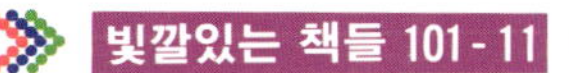

# 한국의 배(韓船)

글, 사진/이원식

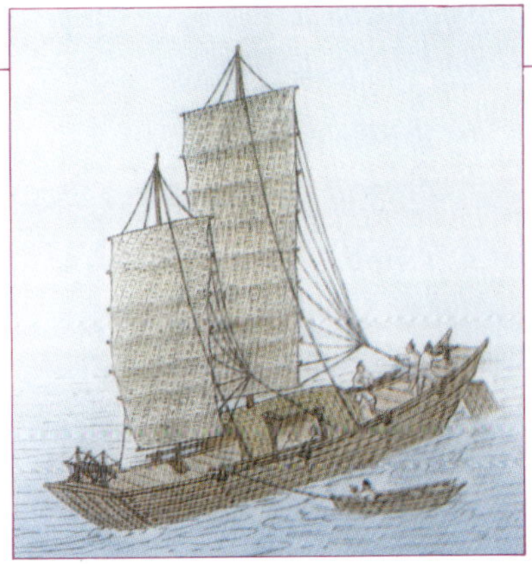

대원사

이원식 ——————————

1934년 서울 태생으로 경기공고를 졸업하고, 공군사관학교(조종 간부1기)를 수료하였으며, 고등연습기 조종 훈련을 이수하였다. 거북배(현충사, 해군사관학교, 미국 뉴어린스 Expo' 84, 캐나다 밴쿠버 Expo' 86, 청주어린이회관, 대전국립중앙과학관, 일본 나고야성박물관, 현대중공업주식회사 등)와 신라의 전함(전쟁기념관), 조선통신사선(일본 히로시마 조선통신사박물관, 국립해양유물전시관, 현대중공업주식회사), 원대(元代)무역선(일본 사꾸라시 국립역사민속박물관) 등 박물관에 전시된 선박의 설계와 조선을 하였다.

국방사학회와 충무공기념사업회 이사, 문화관광부 현충사와 한산대첩기념비, 독립기념관의 고증자문위원, 해군사관학교 충무공해전유물발굴단 연구위원을 역임하였다. 현재 민학회와 한국과학사학회, 한국전통과학기술학회, 대한조선학회의 회원이며, 노동부 산하 한국산업인력공단에서 지정한 한선기능전승자이다. 그리고 1965년부터 원인고대선박연구소(경기도 용인시 백암면) 소장으로 있으면서 전통 한선을 연구하고 있다.

※「한국의 배」에 자료 제공, 사진 복사 및 촬영과 이의 사용을 허락해 주신 분들께 감사드립니다.

— 저자 —

# 한국의 배(韓船)


| | |
|---|---|
| 우리나라 배의 탄생과 분포 | 6 |
| 우리나라 배의 발달과 구조적 특성 | 10 |
| 고대의 배 | 16 |
| 통나무배 | 16 |
| 뗏목, 뗏목배 | 23 |
| 고려시대의 배 | 26 |
| 조선시대의 배 | 31 |
| 싸움배(戰艦) | 31 |
| 조운선(漕運船) | 41 |
| 거북배(龜船) | 45 |
| 거북배의 모형선 | 54 |
| 사견선(使遣船) | 58 |
| 병풍 속의 조선 삼도 수군의 전함 | 64 |
| 회화 속의 한선(韓船) | 74 |
| 근대 한선 | 85 |
| 전통 한선, 바닷배 무으는 곳 | 85 |
| 전통 한선, 바닷배 | 90 |
| 전통 한선, 강배의 만듦새 | 102 |
| 전통 한선, 강배 | 110 |
| 일본 속의 고대 한선 | 114 |
| 백제, 신라, 고려시대 | 114 |
| 조선시대 | 122 |
| 참고 문헌 | 124 |
| 용어 해설 | 126 |

# 한국의 배(韓船)

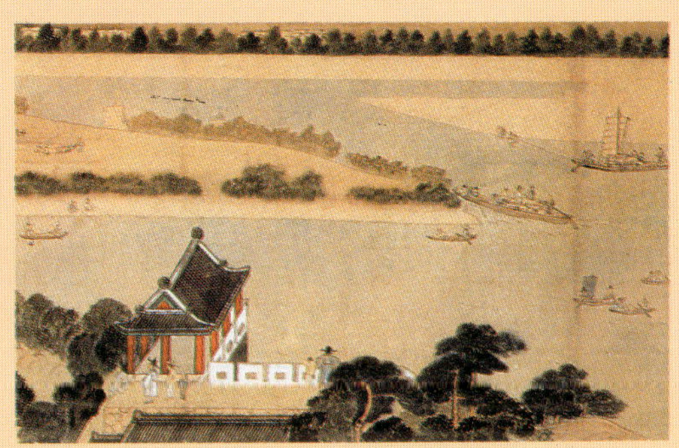

# 우리나라 배의 탄생과 분포

7쪽 그림

단기 4323년(1990) 현재, 우리의 강과 해안에는 온통 서양형과 일본의 야마도형(大和型)이 절충된 이른바 개량형 목선만이 떠다니고 있다. 그 어디에도 단군 왕검 이래 면면히 전해 내려오던 우리의 전통 목선인 한선(韓船)의 모습은 찾아보기 어렵다.

단지 서해안의 강화도 앞바다 어류정(漁游井)에서 새우잡이 어선으로 개조한 몇 척과 흑산도 근해에서 고깃배로 쓰이고 있는 개조된 어선 몇 척이 있을 뿐이다. 그리고 단군시대의 유물이라고 할 수 있는 강원도 명주군 정동진의 '토막배' 몇 척과 제주도의 '티우'가 있다. 전통적인 한선의 선형을 가진 강배는 전혀 볼 수 없으며, 따라서 우리나라 연해안과 강의 목선 문화는 일본의 목선 문화의 연장으로 보여지게 되었다. 결과적으로 한선은 일본 목선 권역(圈域)에 속하고 만 것이다.

한선의 전통이 갑자기 끊긴 결정적 원인은 일제의 강제 침입 때문이다. 일제는 대한 제국을 합병한 뒤 가혹한 식민 통치를 자행하면서 이른바 '조선 민족문화 말살정책'을 펼쳤다. 그 영향이 배 만드는 데에도 미쳐, 경제적이고 성능이 좋다는 이유를 들어 일본 목선의

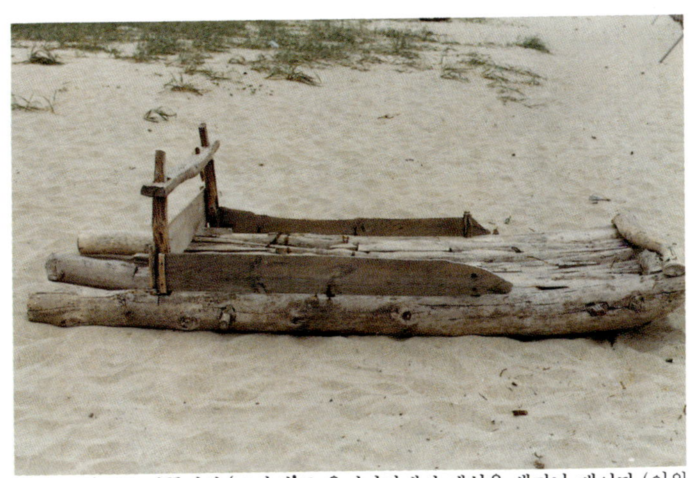

강원도 명주군 정동진의 '토막배'로 우리나라에서 맨처음 생겨난 배이다.(이원식 사진, 1987)

조선(造船)을 강요했다. 그 뒤부터 1945년 광복 때까지 우리 조선 (造船) 기술자들은 일본 목선을 만드는 기술만 교습 받게 되었고 자연 우리 전통 한선의 맥은 자취를 감추고 말았다.

따라서 우리의 전통 한선을 보지 못하고 자란 해방 이후 세대들은 현재 우리 연해안이나 강 위에 떠다니는 배들을 우리의 전통적인 배로 잘못 알고 있는 엄청난 결과를 초래했다. 뿐만 아니라 일본 목선을 우리 조상이 물려준 전통적인 배로 잘못 알고 사진도 찍고, 한국화나 서양화를 그려서 각 공모전은 물론 국전에 까지 출품하고 있다. 심지어는 우리나라 문화를 소개하는 각종 홍보 자료나 관광 안내 책자, 팜플렛 등에도 일본 목선을 가지고 우리의 배라고 세계인에게 자랑스럽게 소개하고 있으니 안타까울 따름이다.

지금 우리의 해안이나 강 위에 떠다니는 배들은 거의 일본 목선의 조선 기술과 기법 그리고 시공법에 의해 만들어진 배들이다. 그것은 일제 식민 통치 아래에서 일본 목선만을 만들던 기술자들이 그 기술과 기능을 다음 세대에 고스란히 물려준 데 따른 것이라고 생각한다. 또한 우리 전통 한선을 만들던 몇몇 기능 보유자들이 하나 둘 사망함에 따라, 그나마 실낱 같은 그 맥도 점차 사라지게 된 것이다.

1988년 여름, 한강에 '돛단배'를 띄웠다 해서 알아보았더니 겉만 한선식(韓船式)으로 비슷하게 꾸몄을 뿐이었다. 배를 만드는 조선 기술이나 기법 그리고 시공법은 일본 목선식 그대로였다. 또 그에 앞서서 1987년 8월 15일 모처(某處)에서 전시한 거북배(龜船)를 보았더니 이 역시 겉만 한선식으로 비슷하게 꾸몄을 뿐이었다. 배를 만드는 조선 기술이나 기법 그리고 시공법이 모두 일본 목선식이어서 무척 실망했었다.

이제부터라도 우리는, 우리의 전통 한선에 대한 올바른 지식을 가져야 하겠다. 뿐만 아니라 우리 전통 한선의 조선 기술과 기법 그리고 시공법을 다시 찾아서 조상의 빛나는 조선 기술과 한선의 전통을 후대에 물려주어야 한다. 그리고 한 발 더 나아가서 전통 한선을 밑바탕으로 현대에 맞는 개량선이나 새로운 배를 개발하고 발전시켜야 하겠다.


3면이 바다로 둘러싸여 있고 북쪽은 중국 대륙과 접해 있는 우리나라는 4300년 전 단군 왕검이 지금의 중국 동북부에 나라를 세우고 살아오다가 남쪽 나라를 찾아 남하하여 한반도에 정착하게 되었다.

이때 강이나 호수 또는 바다를 건너게 해주는 수단으로 통나무 토막, 통나무의 속을 파낸 구유처럼 생긴 통나무배, 통나무 여러 개를 이어서 묶은 뗏목과 뗏목배, 독(甕器) 여러 개를 묶어서 물에 뜨게 만든 독 항아리배, 고리짝의 안을 칠해서 만든 고리짝배 같은 것을 사용했을 것으로 추측된다.

뗏목은 50년 전 압록강과 두만강 그리고 한강에서 볼 수 있었

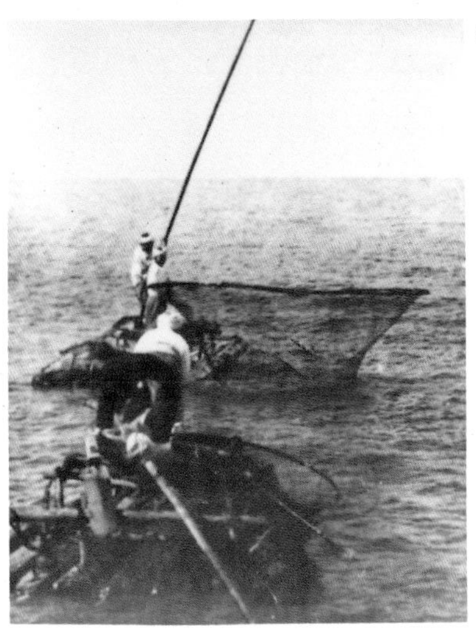

제주도 고기잡이 뗏목배인 '티우'
(「백년전의 한국」, 김원모·정성길)

다. 뗏목배는 지금도 동해안의 명주군 정동진에서 찾아볼 수 있으며, 남쪽에서는 제주도에서 찾아볼 수 있다. 또한 바다 건너 일본의 서해안(우리나라의 동해쪽)과 대마노에서노 제주의 티우나 성동진의 토막배와 같은 뗏목배(일본말로 제~모꾸부네;ゼモクブネ)를 찾아볼 수 있다(제~는 뗏, 모꾸는 목, 부네는 무네의 우리말이 음운 변화한 것이다).

　상고 시대 이래로 우리의 조상들은 동해안에서는 일본의 서해안으로, 남쪽의 부산과 거제, 김해 해안에서는 일본의 대마도를 거쳐서 구주(九州) 지방으로 뗏목배나 통나무배를 타고 이동하였으리라는 것을 기록을 통해서 짐작할 수 있다.

**배(排)의 어원**　중국에서는 筏(벌)을 '파이', 竹筏(죽벌)을 '뎃파이', 排(배)를 '파이'라고 부른다. 우리나라에서 쓰고 있는 '배'라는 말의 어원은 이 '파이'에서 연유된 듯하다. 그 예로 우리 고어(古語)에 보면 '筏=떼' '빈=舟(주)'라고 하였는데, 이때의 '빈(＝바이)'란 옛날에 물 위에 뜨는 물건을 말할 때 쓰였다. 곧 '빈〉바이〉배'로 음운 변천을 거쳐서 오늘날의 '배'가 되지 않았나 싶다. 이를 뒷받침하는 실례로는 지금도 중국이나 아프리카, 동남 아시아, 남태평양의 작은 섬나라의 호수나 강에는 대나무(竹)를 베어(伐) 여러 개 묶어서 만든 배(빈＝바이)를 볼 수 있다.

# 우리나라 배의 발달과 구조적 특성

우리나라 배의 독특한 만듦새와 생김새를 갖춘 배를 한선(韓船)이라고 한다. 선형(船型)은 주로 배의 한판인 중앙을 가로로 자른 중앙 횡단면, 배의 길이 방향으로 중앙을 자른 종단면 그리고 배를 위에서 바라본 평면을 종합적으로 분석하여 형태를 찾아 유형화시킨 것을 말한다. 이러한 선형 발전 과정의 입장에서 보았을 때 한선(韓船)은 뗏목배와 통나무배로부터 차츰 발달해 온 구조선(構造船)이라고 말할 수 있다.

우리나라의 서남 해안은 간조와 만조 때의 변화가 심하다. 해안의 드나듦이 복잡하며, 평평하고 길고도 넓은 갯벌을 가지고 있다. 따라서 우리나라에서는 이러한 지리적, 지형적 조건에 가장 적응하기 쉬운 형태인 평평한 배밑을 가진 뗏목배가 발달하게 되었다. 배밑이 평평한 배는 만조 때 밀물을 타고 갯가로 들어와서 간조인 썰물 때는 그대로 갯바닥에 편하게 앉을 수 있기 때문이다. 제주도의 티우나 명주군 정동진의 토막배는 그 배의 몸체 자체가 한선의 배밑이 된다. 이러한 배밑의 만듦새는 어느 나라에서도 찾아볼 수 없는 독특한 것이다.

7, 9쪽 그림

# 도면1. 강배의 단면도 및 평면도

※ 팔당에서 쓰는 용어

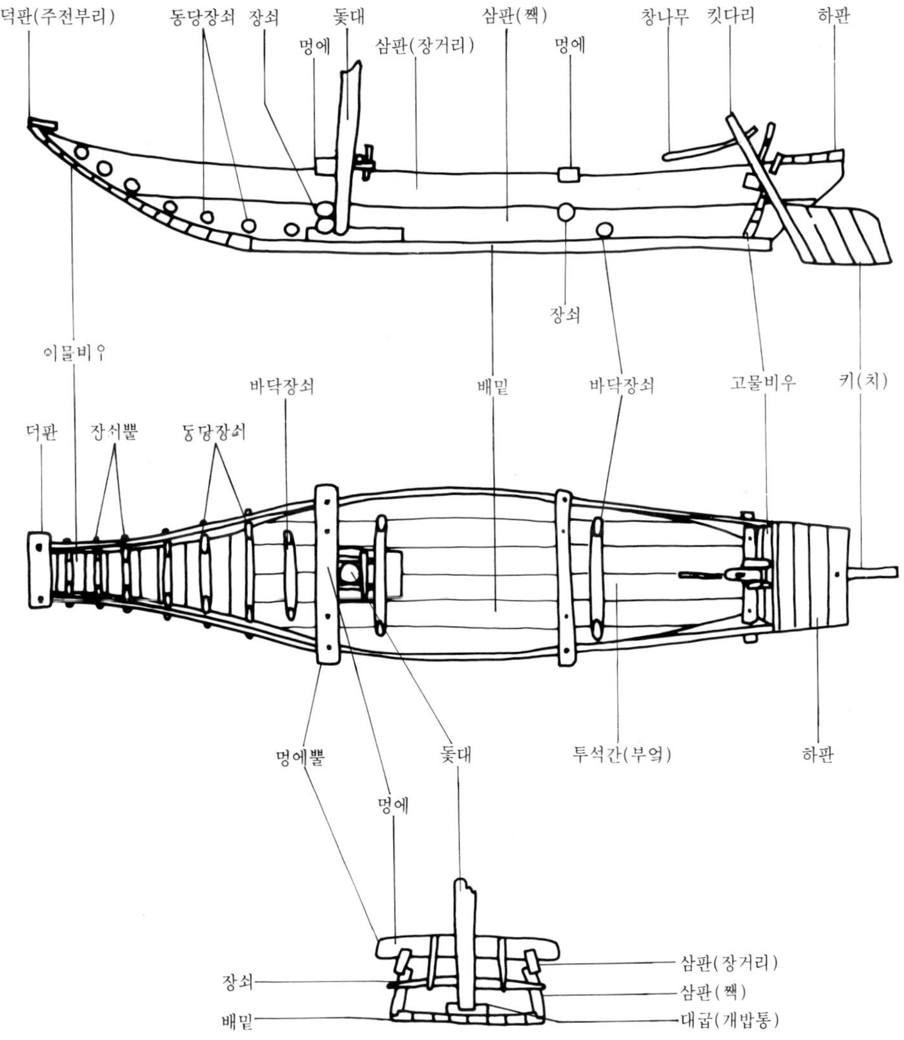

도면2. 한선 (강배)의 돛

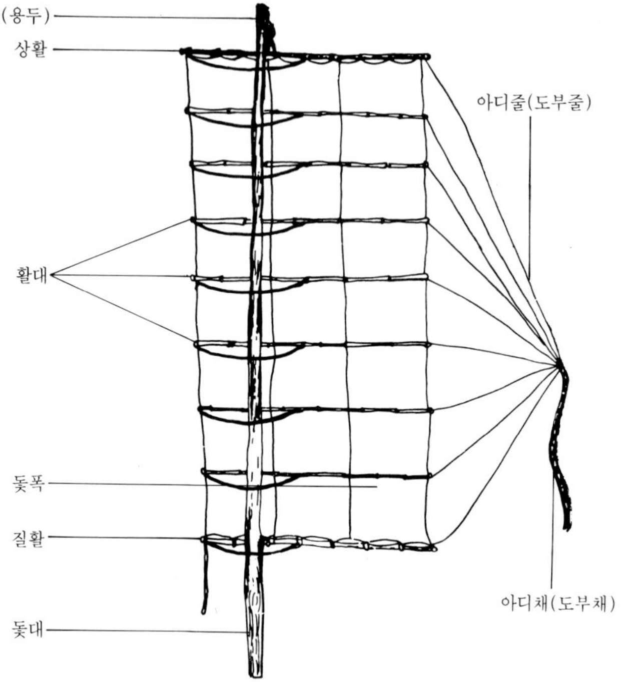

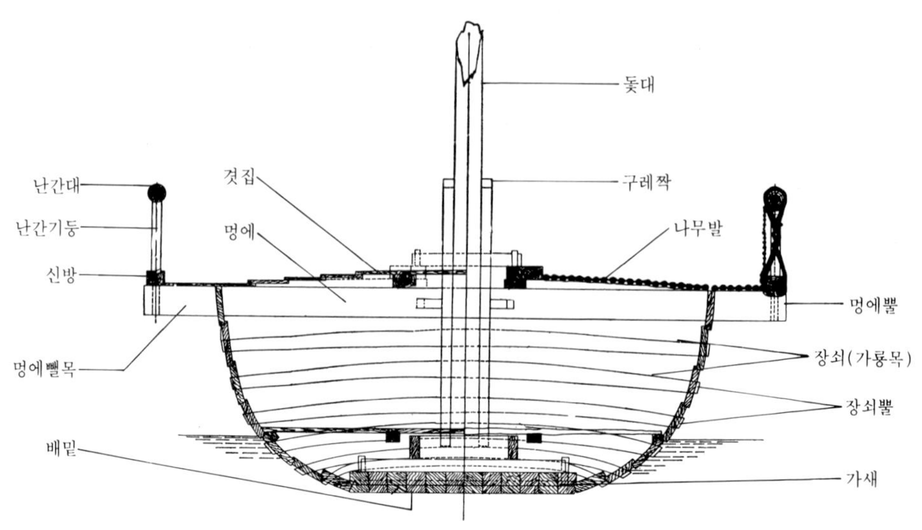


도면3. 바닷배(어선)의 중앙 단면도

원시 시대부터 사용되어 온 뗏목배가 차츰 발달하여 가는 거의 같은 시대에 통나무를 반으로 쪼갠 다음 돌도끼로 속을 파낸 구유처럼 생긴 통나무배가 만들어지기 시작하였다. 이 배는 호수나 강에서 물을 건너거나 고기를 잡는데 사용되었다.

우리나라에서 발달하여 온 통나무배의 유물로는 옛 가야 지방에서 출토한 통나무배 모양의 토용(土俑)과 경주 지방에서 출토한 통나무배 모양의 토기(土器)가 있고, 경주의 안압지에서 출토한 3쪽으로 된 통나무배가 있다. 1930년경 두만강에 통나무 나룻배가 있었으나 한 토막으로 된 것이다. 같은 시기에 한강과 대동강에는 '메생이'라고 하는 고기잡이 하는 통나무배가 있었다. 조선시대에 평안도, 함경도 지방에서 '마상(亇尙)'이라는 통나무배를 많이 사용하였다는 기록이 보이지만 유물은 찾아볼 수 없다.

경주 안압지에서 출토한 통나무배는 3쪽으로 무으어졌다. 두 토막의 통나무의 속을 'ㄴ'자와 'ㄴ'자 모양으로 파내어 양쪽으로 벌려 놓고 그 가운데에는 같은 두께의 통나무로 속을 파낸 쪽을 붙였다. 그리고 양쪽의 뱃전에 구멍을 뚫고 가운데쪽의 가운데에는 고리 구멍을 만들어 여기에다 가로다지 나무창을 꽂아 3쪽을 벌어지지 않게 하였다. 이것은 가새와 장쇠의 두 가지 역할을 하고 있다. 이러한 배의 만듦새는 통나무배의 제5발달 단계에 속하는 것으로서 구조선의 시작이라고 할 수 있다.

쇠연장을 쓰게 되는 철기 시대에 들어와서는 널판대기를 만들 수 있게 되고, 나무에 구멍을 뚫고 나무못을 박을 줄 알게 되었다. 배를 만드는 방법에서도 뱃전을 1쪽에서 3쪽까지 턱을 따서 겹쳐서 이어 올리게 되었다. 앞과 뒤의 공간도 얇은 널판대기로 대어 막았으며, 배 위에 살림집의 대들보와 같은 멍에도 얹어 놓게 되었고, 뱃전에 구멍을 뚫어서 장쇠도 걸게 되었다. 이것이 바닷배의 시조(始祖)라고 할 수 있는 '거룻배'이다.

20쪽 그림

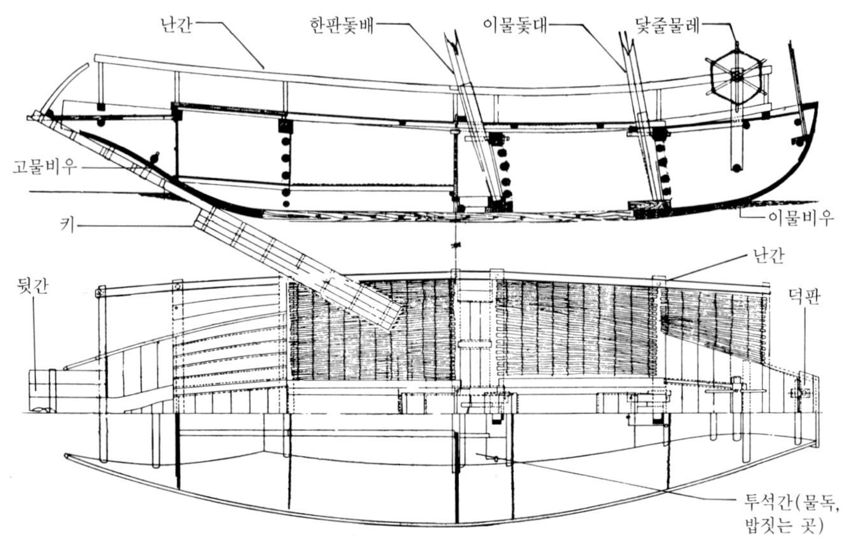


도면4. 바닷배(어선)의 종단면도 및 평면도

더 많은 짐을 싣거나 사람을 더 태우기 위해서 뱃전을 5쪽으로 무으어 올렸다. 한가운데에는 보다 큰멍에를 얹어 돛대를 세우고 부들 풀로 자리를 짜 돛을 만들어서 돛대에 매달았다. 이렇게 하여 노를 젓지 않고도 바람의 힘을 빌어 멀리까지 왕래할 수 있게 되었는데, 이 배를 '야거리'라고 한다. 완전한 구조선(構造船)이 만들어진 것이다.

문명과 산업이 발달함에 따라 배의 필요와 배의 수요가 늘어나고 점점 더 큰 배를 만들게 되자, 뱃전을 7쪽으로 올리고 돛대도 2대를 세우는 등 배의 길이와 폭도 늘려 나갔다. 그러나 만듦새는 전과 같았다. 변한 것이 있다면 뱃전을 셋에서 다섯으로, 다섯에서 일곱으로 올려 무으었을 뿐이다. 이 배를 '당두리'라고 한다. 한선의 기본 선형이 비로소 완성된 것이다.

도면4

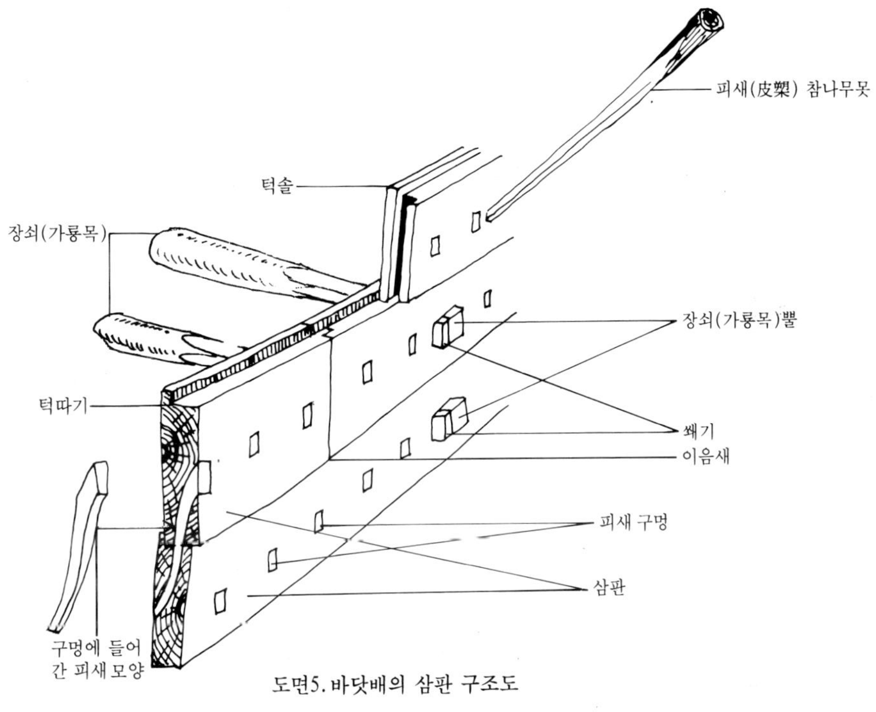


도면5. 바닷배의 삼판 구조도

한선의 기본 선형은 평평한 배밑, 턱을 따내고 널판대기를 겹쳐서 무으어 올린 뱃전, 가로다지 널판대기로 대어 막은 이물비우와 고물비우, 배의 대들보라고 할 수 있는 멍에, 멍에 아래의 뱃전에 구멍을 뚫어서 꿰어 걸은 장쇠, 배밑을 가로로 꿰어 박은 길다란 나무창인 가새, 뱃전을 위에서 아래로 꿰어 박은 나무못인 피새의 만듦새라고 할 수 있다.

이 같은 만듦새는 서양형 선형이나 중국의 선형과는 다른 것으로서 우리나라의 지리적, 지형적 조건과 형편에 알맞는 것으로 독특하게 창안되고 발달되어 온 것이다. (이원식 도면, 1989)

# 고대의 배

## 통나무배

### 그림 1, 2, 3. 청동기 시대의 배

17쪽 그림

청동기 시대에 그린 바위 그림이 1971년에 경남 울주군 언양면 태화강 상류에서 발견되었다. 바위 그림에는 모두 3척의 배가 보이는데 가야시대와 신라시대의 배 모양 토용과 모양이 같다. 배의 앞과 뒤가 높이 솟아오른 것은 고대 이집트, 페니키아, 페르시아, 인도 등지에서 발달한 고대선(古代船)과 같은 모양을 하고 있다.

「단군세기(檀君世紀)」에 기원전 2092년경 신독인(身毒人,SINDER;아리아人系의 인도 사람)이 표류하던 끝에 동해안에 도착했다는 기록이 보인다. 또한 고려 현종 때(1024년)에 대식국(大食國;페르시아) 상인이 조공하였다는 기록으로 보아서 단군시대 이래로 바위에 그려져 있는 배와 같은 모양의 배를 이용하여 서역과 무역을 한 것 같다.

옛날에 '가라'(上加羅;彌烏邪馬國, 下加羅;狗邪國)는 우리나라의 낙동강 유역과 남해안을 그 기반으로 하고 있었다. 그러나 '가라'

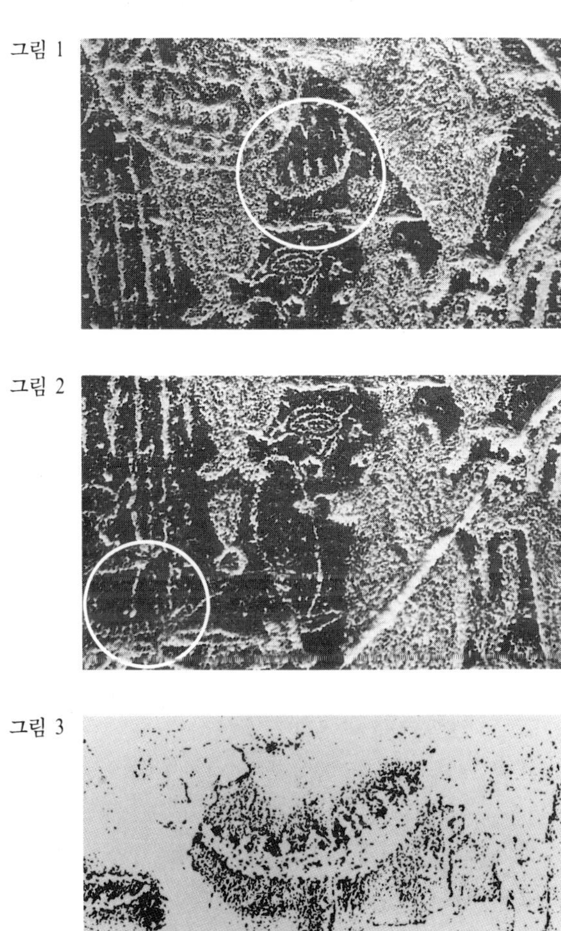

그림 1

그림 2

그림 3

(韓이라고도 쓴다)가 북방으로부터 침략과 압력을 받자 낙동강을 끼고 남해 바다로 나가게 되었고, 뗏목배와 통나무배를 만들어 타고 왜나라(倭國)의 구주(九州) 땅으로 가서 야마다이(邪馬台國)와 구나 (狗奴國)를 건설하게 되었다.(그림 1, 2, 3.「민학」제Ⅰ집, 민학회, 1972)

## 그림 4. 통나무배의 구분

통나무배의 발달 관계를 다음의 다섯 단계로 구분하고 있다.

1. 1 토막의 통나무 속을 파낸 것(외쪽배).

2. 위 배의 뱃전 밖으로 옆에 널판대기를 덧붙인 것(외쪽배).

3. 2 토막의 통나무배를 짝 지은 것(쌍쪽배).

4. 2 토막의 통나무를 배밑에서 이어 붙인 것(두쪽배).

5. 3 토막의 통나무를 배밑에서 이어 붙인 것(세쪽배). (*The Ship Björn Landström*)

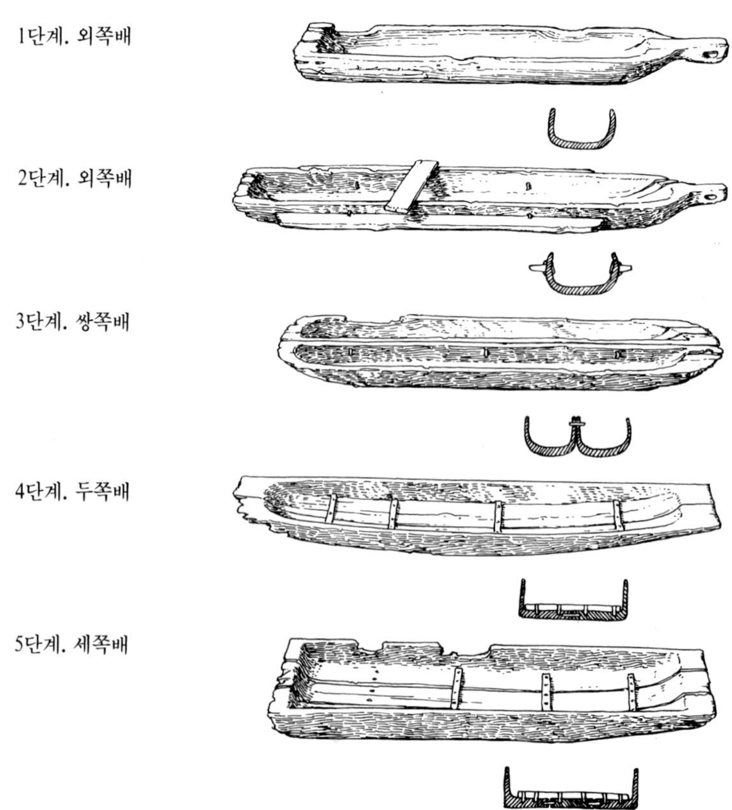

## 그림 5. 가야시대의 통나무배 모양의 토용(土俑)

투박한 통나무배의 모양을 잘 나타내고 있다. 뱃전 위에는 여러 개의 멍에가 걸쳐져 있다. 멍에는 양쪽의 뱃전이 오므라들거나 벌어 지려는 것을 잡아 준다. 한판의 멍에에 돛대를 세울 수도 있다. 뱃전 위에 모두 8개의 '노좆'이 있는데, 여기에다 노끈으로 '박'이라고 하는 노를 매달고 노를 젓는다. 특이한 것은 통나무배의 외판(外 板)인데 철판 조각 같은 것을 붙인 것처럼 보인다.(진주박물관 소장)

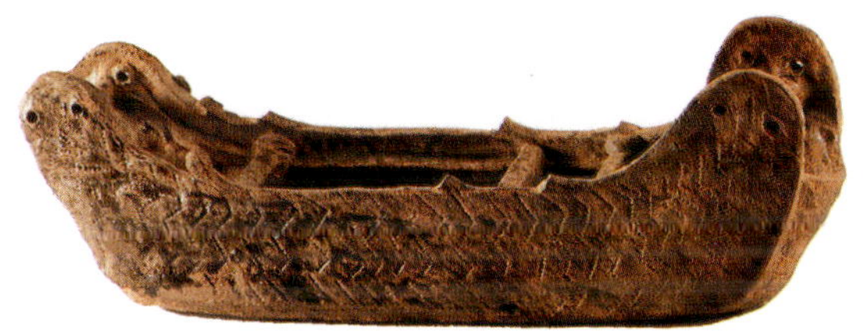

그림 5. 가야시대의 통나무배 모양의 토용

## 그림 6. 통나무배 모양의 신라시대 토기

제2발달 단계에 속하는 통나무배의 모양을 본떠서 만든 토용 (土俑)이다. 배의 앞(이물)과 배의 뒤(고물)가 높이 솟아 있는 것으 로 보아 통나무배의 뱃전 위에 널판대기를 1,2장 더 이어 올린 것 같다.(경주박물관 소장)

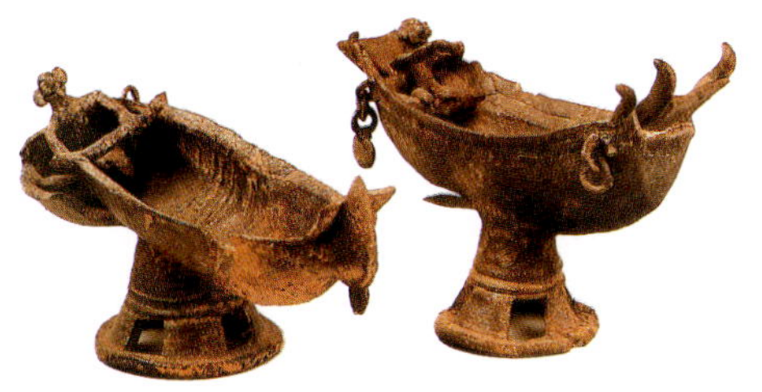

그림 6. 통나무배 모양의 신 라시대 토기

### 그림 7. 제5발달 단계에 속하는 통나무배

이 배는 제5발달 단계에 속하는 통나무배이다. 길이는 약 18자, 이물의 너비는 약 2자, 고물의 너비는 약 4자 6치, 뱃전의 높이는 약 1자 2치, 배밑의 두께는 5~6치이고 소나무로 만들었다.

통나무의 속을 파내서 만든 배를 통나무배(또는 쪽배)라고 하는데 이 배는 통나무 3토막을 각각 속을 파내고 옆으로 이어 붙였다. 그리고 양쪽의 뱃전에 구멍을 뚫고 가운데쪽의 가운데에는 고리 구멍을 만들어 배밑 나무못인 가새를 겸한 바닥 장쇠로 3쪽을 연결하였다.(경주박물관 소장)

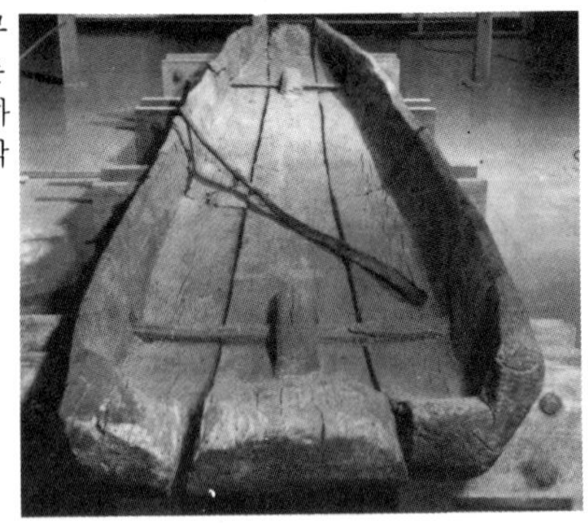

**그림 7. 제5발달 단계에 속하는 통나무배** 통나무의 속을 파내서 만든 배를 통나무배(또는 쪽배)라고 하는데, 이 배는 통나무 3토막을 각각 속을 파내고 옆으로 이어 붙였다.

### 그림 8. 두만강의 통나무배

21쪽 위 그림 1930년경 두만강의 나루에서 나룻배로 쓰이고 있는 통나무배이다. 통나무배의 앞쪽 머리(이물이라고 한다)와 뒤쪽 머리(고물이라고 한다)는 판자로 덧대었다. 뱃전에는 작은 통나무를 반으로 쪼갠 것(활아지 또는 덧삼이라고 한다)을 덧붙였다. 제2발달 단계의 통나무배이다.( *The Korean Boats & Ships*, 1934)

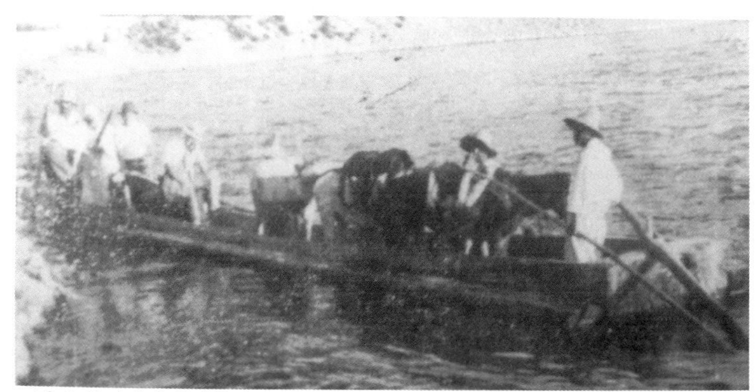

그림 8. 두만강의 통나무배

## 그림 9. 일본의 통나무배

1960년경 일본의 이와데껜(岩手縣)의 한 나루터에서 나룻배로 쓰이던 통나무배이다. 이 배를 일본말로 '단배'라고 한다. 단재(單材)로 만들어진 배이기 때문이다. 일본에서 통나무배를 한자로

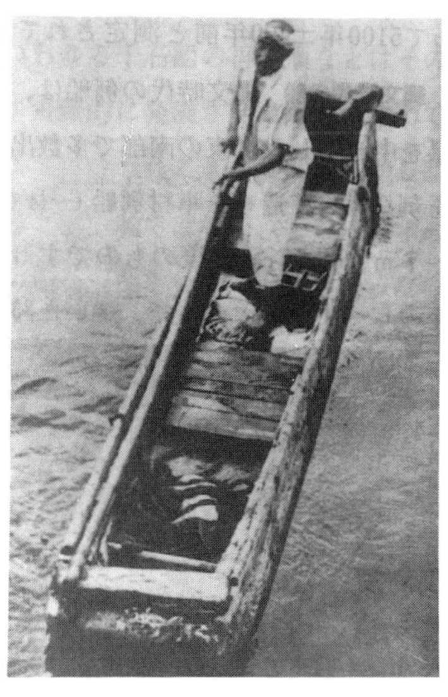

그림 9. 일본의 통나무배로 우리나라의 두만
강 이북 지방에서 만들어 쓰던 배와 똑
같이 닮았다.

'독목주(獨木舟)' '단재고선(單材刳船)'이라고 쓴 데서 유래한 것 같다. 바닷가에서 고깃배, 갯바위 낚싯배로도 쓰인다. 우리나라의 두만강 이북 지방에서 만들어 쓰던 배와 똑같이 닮았다.(「日本の船」, 일본 해사 과학 진흥재단)

### 그림 10. 마상이(亇尙)

1930년경 한강에서 고깃배로 쓰이던 '마상이'라고 하는 통나무배이다. 평양 대동강에도 이와 같은 '메생이'라고 하는 통나무배가 있었는데 한두 사람이 겨우 탈 수 있는 조그마한 것이었다고 한다. 조선 명종 때에 압록강과 두만강에서 군사들이 강을 건너는데 이

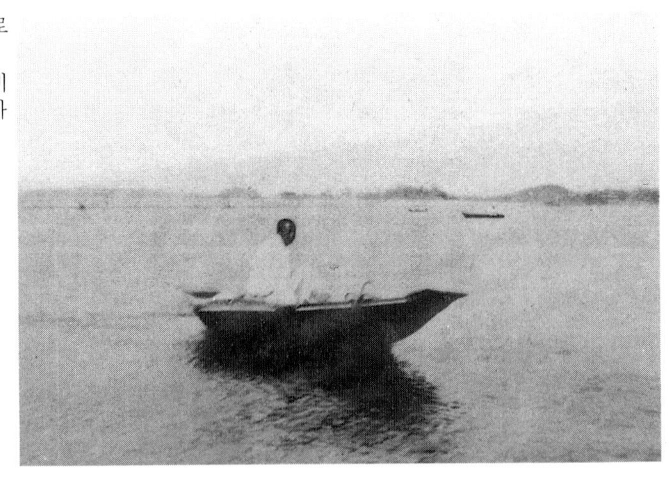

그림 10. 한강에서 고깃배로 쓰이던 통나무배이다. 평양 대동강에도 이와 비슷한 '메생이'라는 배가 있었다.

'마상이'를 많이 사용하였다고 한다. 또한 당시의 세법(稅法)인 「균역청 절목(均役廳節目)」에 배에 대한 세금 규정이 있는데, 함경도 지방(關北地方) 마상이의 선세(船稅)는 8량으로 되어 있다. (*The Korean Boats & Ships*)

# 뗏목, 뗏목배

### 그림 11. 두만강의 뗏목(筏)

뗏목은 뗏목배와는 다르다. 산간에 있는 통나무 목재를 강의 상류에서 강물의 흐름을 이용하여 하류로 운반하는 하나의 수단으로 만들어졌다.

압록강의 뗏목은 혜산진(惠山鎭)에서 하류로, 두만강의 뗏목은 중간에서 뗏목을 중계하는 유동(柳洞)을 거쳐서 하류로, 한강의 뗏목은 인제(麟蹄)에서 하류로 각각 운반되었다.

한자로 벌(筏)은 큰 뗏목을 의미하고, 부(桴)는 작은 뗏목을 의미한다. 여기에서의 뗏목은 벌(筏)로 뗏목배는 '부(桴)'로 부르기도 한다.(「백년전의 한국」, 정원모·정성길)

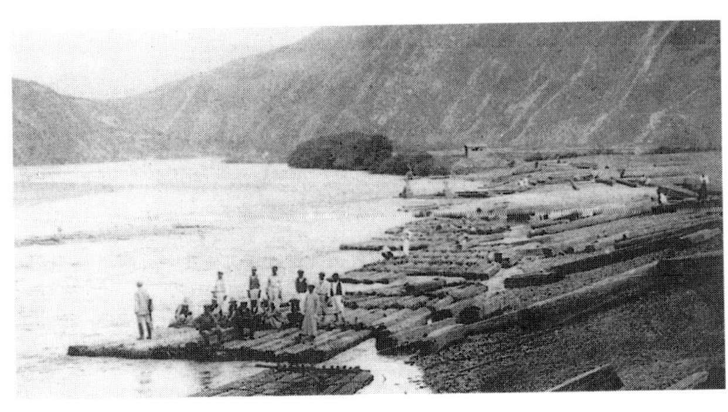

그림 11. 한자로 벌(筏)은 큰 뗏목을 의미한다. 그림은 큰 뗏목이다.

### 그림 12. 뗏목배(桴)

인류의 조상들은 통나무 3,4개를 나무 넝쿨로 엮어서 조그마한 뗏목인 토막배를 만들어서 물에 띄워 노를 저으면서 타고 다녔다.

24쪽 위 그림

(*The Ship Bj* ö*rn Landström*)

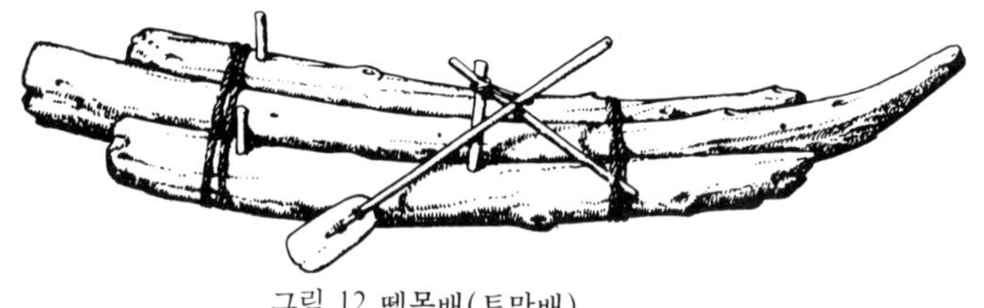

그림 12. 뗏목배(토막배)

### 그림 13. 뗏목배(토막배)

잘 다듬은 통나무나 모가 진 각목을 5개 내지 8개를 옆구리에 구멍을 파내고 길다란 나무창(長槊, 가새)을 좌우에서 서로 어긋매껴 가면서 꿰뚫어 박아 연결한 '뗏목배'이다.

바닷가 연해안에서 해조류(미역 등)를 채취하거나 그물을 이용해서 고기잡이하는 데 사용했다. 그리고 돛을 달아 섬과 섬 사이를

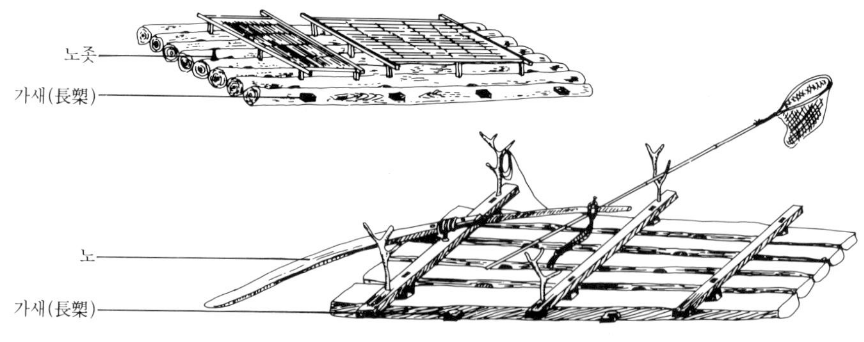


그림 13. 뗏목배

왕래하기도 한다.

뗏목배를 '뗏배'라고 부르기도 하는데 제주도에서는 '티우'라 하고, 강원도 명주군 정동진에서는 '토막배'라고 한다. 우리나라 한선의 배밑은 이 '뗏목배'의 만듦새와 똑같다.(「한국 수산지」, 대한제국 농공상부, 1908년)

## 그림 14. 동해안의 뗏목배(토막배)

단군시대에 쓰여졌을 것으로 보이는 뗏목배가 동해안의 명주군 강동면 정동진에 있다. 동해안에서는 이 배를 '토막배'라고 한다. 이 토막배는 넝쿨이나 노끈으로 엮어서 만든 뗏목보다는 좀더 발달된 것으로서 통나무의 옆구리에 네모진 구멍을 파내고 나무창인 가새를 꿰뚫어 박았다. 이러한 만듦새는 한선의 배밑 만듦새와 같으며 평저선의 원조라고 할 수 있다. 토막배의 재료는 오동나무이다. 사용하는 중에 파손이 되거나 부식되는 것이 있으면 그것만 새것으로 갈아 댄다.

일본의 서해안(동해쪽)과 대마도에도 정동진의 것과 같은 뗏목배가 분포되어 있다는 기록이 있다. 그 뗏목배는 한반도에서 건너온 것이라는 내용의 논문이 발표된 것으로 미루어보면, 상고 시대 이래로 정동진 등지에서 토막배를 타고 동쪽과 남쪽으로 바다를 건너서 해돋는 섬나라로 이동하여 간 것을 알 수 있다.(이원식 사진, 1987)

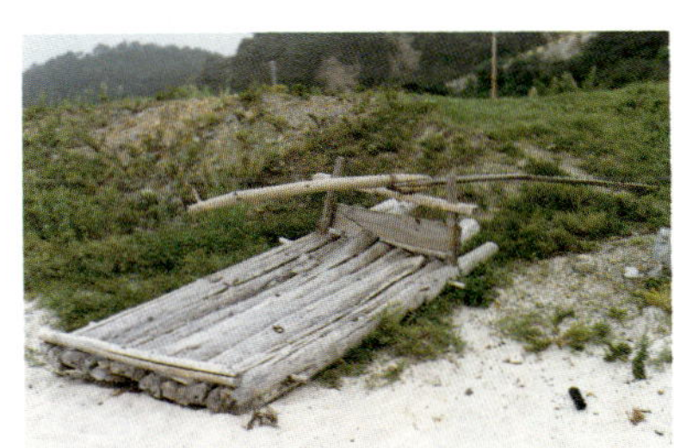

그림 14. 동해안의 뗏목배(토막배)

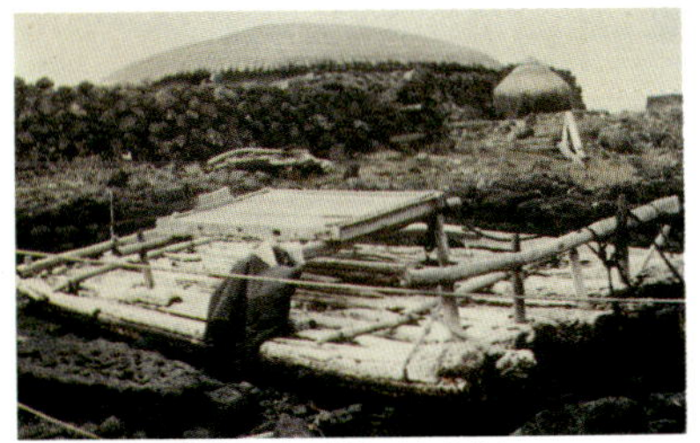

그림 15. 제주도의 뗏목배(티우)

## 그림 15. 제주도의 뗏목배(티우)

배 위에는 평상이 설치되어 있다. 한가운데 돛대를 세우고 돛을 매달기도 하며, 돛을 달고 섬과 섬 사이를 왕래하기도 한다.(온양민속박물관 소장)

# 고려시대의 배

## 고려선

그림 16. 완도의 고려선

1984년에 전남 완도군 약산면 어두리 앞바다에서 고려시대(12세기경)에 침몰한 배를 인양하였다. 그림에 보이는 것은 배밑의 가운데에 연결되어 있던 3개의 토막이다. 너비가 1자에서 1자 반,

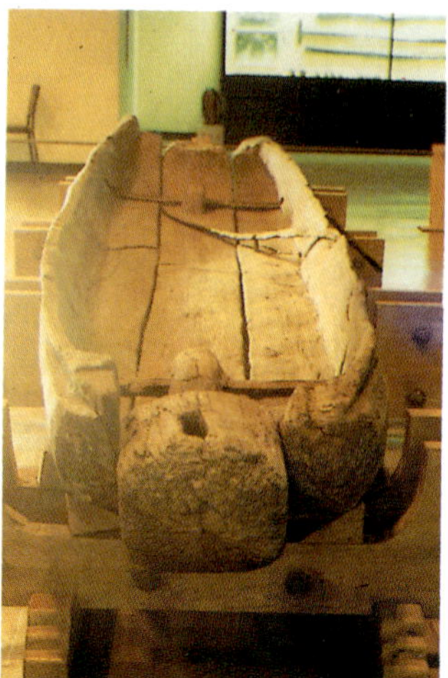

그림 16. 고려시대의 한선의 배밑은 '뗏목배'의 원형(만듦새와 모양새)을 잘 보여 주는 예이다. 왼쪽은 통나무배, 오른쪽은 완도선의 배밑이다

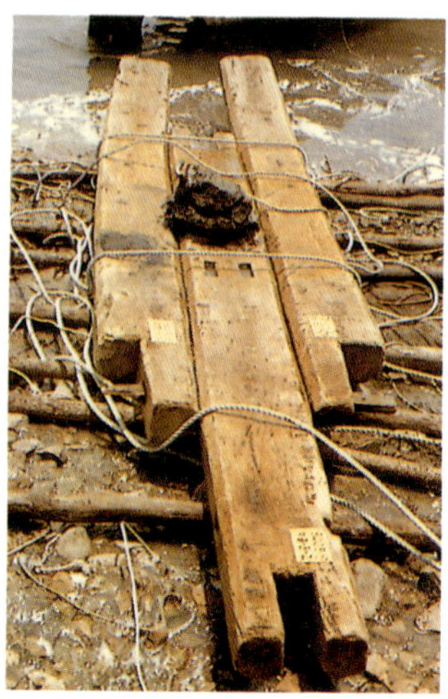

두께가 6치에서 7치가 된다.

배밑은 길이가 20자, 한판의 너비가 5자 정도가 된다. 배밑은 약 1자 너비의 네모진 통나무 5개를 연결하여 만들었다. 고려시대의 한선의 배밑은 '뗏목배'의 원형(만듦새와 모양새)을 잘 보여 주고 있다.(「우리 배의 역사」, 김재근, 1989)

### 그림 17. 완도 고려선의 중앙 횡단면도

침몰한 고려선을 인양한 뒤, 배의 파편들을 짜맞춘 다음에 그린 중앙 횡단면 그림이다. 배밑은 5개의 네모진 통나무 옆구리에 구멍을 뚫고 길다란 나무창으로 연결한 것이 마치 '뗏목배'와 같다.

첫째 뱃전(삼판)인 부자리(不者里)를 배밑 가장자리 토막 위에 턱홈을 파서 얹어 놓고 나무못으로 고정시켰다. 그 생김새가 마치 안압지에서 출토한 통나무배의 양쪽 뱃전과 똑같으며, 그것을 그대로 가져다 얹어 놓은 것 같다.

20, 26쪽 그림

둘째 뱃전과 셋째 뱃전은 아래 뱃전의 윗면에 턱을 따내고 위 뱃전을 겹쳐서 무으어 올렸다. 뱃전을 연결하는 못은 나무못을 썼다.

첫째 뱃전과 넷째의 좌우 뱃전에 구멍이 뚫려 있는데, 이 구멍에다 장쇠(長釗, 또는 駕龍木)를 꿰뚫어서 걸었다. 장쇠는 뱃전이 좌우 양쪽으로 벌어지려는 것을 잡아 주고, 밖에서 미는 바닷물의 압력을 지탱하여 주는 횡강력(橫強力)의 역할을 한다.

위와 같은 만듦새는 이미 12세기 이전에 그 틀을 잡고 있었으므로 한선의 선형은 12세기 이전에 정립되어 있었다고 할 수 있다.

(「우리 배의 역사」, 김재근, 1989)

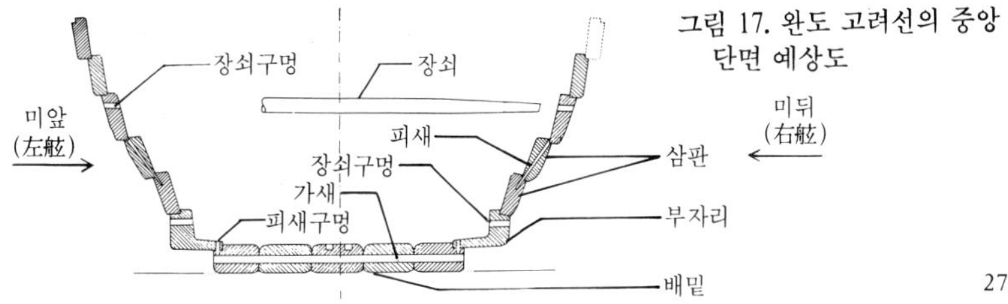


그림 17. 완도 고려선의 중앙 단면 예상도

27

그림 18, 19. 고려 동경

고려 동경(銅鏡)의 뒷면에 바다를 항해하는 배가 조각되어 있다. 배의 그림이 새겨져 있는 거울은 현재 두 종류로 알려져 있다. 여기에 새겨넣은 이름은 두 종류 모두 '황비창천(煌조昌天)'이다.

1123년에 송나라의 서긍(徐兢)이라는 사신이 고려에 와서 보고 들은 것을 적어 놓은 「고려도경(高麗圖經)」에는 고려의 배에 대한 것을 다음과 같이 적어 놓았다.

官船之制:上爲茅蓋 下施戶牖 周圍欄檻以橫木相貫 挑出爲棚 面濶於底 通身不用板簀 唯以矯揉全木 使曲相比釘之 前有矴輪 上施大檣 布帆二十餘幅….

松舫:群山島船也 首尾皆直 中爲舫屋五間 上以茅覆 前後設二小室…

관(官)에서 쓰는 배의 만듦새:뱃집의 위는 뜸으로 지붕(덮개)을 덮었고, 아래는 문짝과 창문을 달았다. 둘레에는 난간이 있다. 가로다지 나무(멍에)로 양쪽 삼판을 서로 꿰뚫어, 빼어낸 것(뺄목)은 사령이 된다. 배밑은 평평하고 넓다. 배의 몸체 내부 전체를 통해서 보면 나무판대기나 대나무 삿자리를 가로로 대어 막지 않았다. 오직 잘 다듬고 바로잡은 긴 막대기(장쇠)를 활같이 휘어서 차례로 삼판마다 꿰어 박았다(긴 막대기의 양끝은 엇비슷한 장부술을 만들고 양쪽 삼판에는 장부 구멍을 뚫어내어 긴 막대기의 끝을 이 구멍에 꿰어 박고 턱을 따낸 쐐기로 고정시킨다). 이물의 배 위에는 닻줄을 감는 닻줄물레(호롱)가 있다. 배 위에 큰 돛대를 세웠다. 베로 만든 돛은 20여 나무폭이 된다.

소나무 배:이 배는 군산섬의 배이다. 배 앞의 이물비우와 뒤의 고물비우가 다 같이 평평하고 곧게 되어 있다. 배 위의 가운데에 뱃집 5칸이 있다. 위는 뜸으로써 덮개를 했다. 앞뒤에 작은 뱃집 선실을 들였다.

**그림 18. 고려 동경**

　왼쪽에서 바람을 받아 오른쪽으로 행선하고 있는 그림이다. 거울 위쪽에는 해(3발 달린 까마귀가 들어 있는 것)와 달(계수나무와 옥토끼가 들어 있는 것)이 떠 있다. 그 아래 구름 속에 용(龍)이 조화(造化)를 부리고 있으며, 바다 속에서는 큰 물고기(鯤)가 헤엄치고 있다.

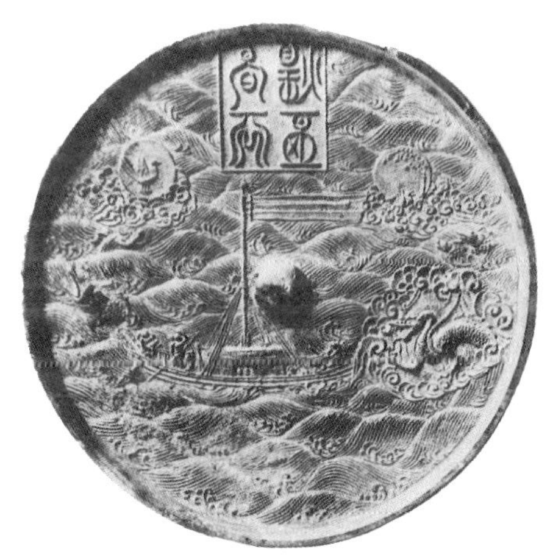

그림 18. 고려 동경 배의 크기는 사람의 키로 보아 길이가 약 10발(把;1발은 양팔을 벌린 길이)쯤 되는 중선 크기만 하다. 거친 파도가 치는 것으로 보아 먼 바다로 항해하는 것 같다.

　고물 쪽의 배 위에는 방향을 조종하는 노(艐)를 잡고 있는 사공과 조선식 큰노(櫓)를 뱃전에 걸고서 노를 젓고 있는 사공이 보이는데 모두가 위를 바라보고 있다.

　배의 크기는 사람의 키로 보아 길이가 약 10발(把;1발은 양팔을 벌린 길이)쯤 되는 중선 크기만하다. 배의 삼판은 7폭을 올린 것 같으며 멍에 위에 신방(信防)을 얹고 그 위에 난간을 세웠다. 배 한가운데에는 뱃집이 있다. 뱃집 옆으로 창문을 냈고 뱃집 안에는 2명이 앉아 있는 것이 보인다. 돛대는 뱃집 위에서 세웠다 눕혔다

할 수 있으며, 뱃전(삼판)의 곡선이 평행선을 이룬 것으로 보아 배의 이물과 고물은 평평한 만듦새로 되어 있는 것 같다. 곧은 이물비우와 고물비우로 배의 앞과 뒤를 대어 막은 것 같다.

배의 이물과 고물이 높이 솟아 있는데 활처럼 구부러진 뱃전의 곡선을 현호(舷弧)라고 한다. 배의 현호를 크게 하였고, 거친 파도가 치는 것을 보니 먼바다로 항해하는 배 같다. 고려시대의 배를 사실적으로 그린 그림은 오직 이 청동 거울의 그림뿐이다.(국립중앙박물관 소장)

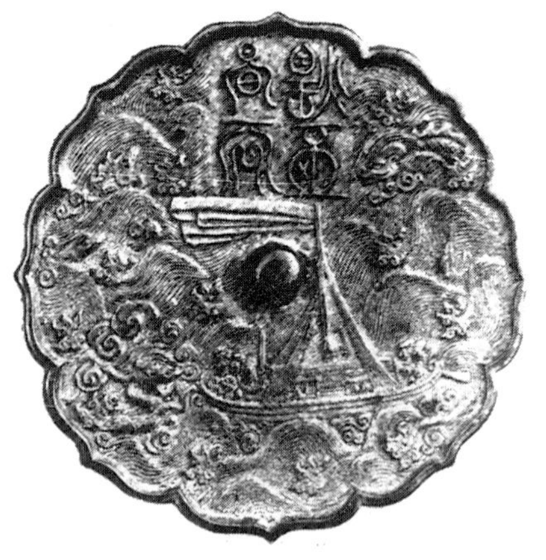

그림 19. 배의 만듦새와 모양새는 그림18과 똑같다.

### 그림 19. 고려 동경

오른쪽에서 바람을 받아 왼쪽으로 행선(行船)하고 있는 그림으로 배의 만듦새와 모양새는 앞의 그림과 똑같다. 거울의 왼쪽 아래의 구름 속에 용이 조화를 부리고 있는 것이 보인다. 이물쪽의 배 위에는 칼을 세워 들고 기도를 하는 듯한 사람들이 보이고, 고물 쪽의 배 위에는 노를 조종하고 있는 사공이 보인다.(공주박물관 소장)

# 조선시대의 배

## 싸움배(戰艦)

조선시대의 싸움배에 대한 제도와 변천은 '도표1'과 같다.

임진왜란이 끝난 뒤 권반(權盼)이 삼남 지방의 해상 군비를 검찰하고, 당시에 있던 배의 치수를 모아 가르고 「실행절목(實行節目)」을 만들었다. 그 싸움배의 가름과 치수는 대선의 배밑 길이가 14발, 차선 11에서 12발, 지차선 9.5에서 10발이다.

그러나 실제로 전함을 건조할 때에는 각 수영의 현장 사정에 따라서 길이를 늘여 가게 되어 1800년에 와서는 대선인 통영 상선(統營上船)의 배밑 길이가 18발이나 되었다. 차선인 읍진전선(邑鎭戰船)의 배밑 길이는 13발이었으며 병선(兵船)의 배밑 길이는 7, 8발이었다. 1795년에 편찬한 「이충무공 전서(李忠武公全書)」에 보이는 통제영 거북배(統制營龜船)의 배밑 길이는 13발, 정확히 말하면 64자 8치로 늘어났다. 위의 치수는 1615년에 제정한 「실행절목」의 지차선에 해당된다는 것을 알 수 있다. 그 뒤 조선은 1895년에 통제영, 각도의 수영 이하 모든 군영을 혁파(革罷)하였고 배를 비롯한 모든

장비 즙물(汁物)은 군부로, 금전 군량 등은 탁지부(度支部)로 이관
토록 했다. 이로써 이순신 장군의 전통을 이어 오던 수군은 하루
아침에 몰락하고 말았으며, 전함은 갯벌에 묻혀 썩어 갔다.

도표1. 조선시대 싸움배의 제도(制度)와 변천

| 구분 | 연대 | 자료명 | 싸움배의 제도 | 배의 가름 | 배의 이름 |
|---|---|---|---|---|---|
| 제도 | 1454 | 세종실록지리지 | 대선(大船) | 중대선(中大船) | 중선(中船) |
| 제도 | 1455 | 단종실록 | 대선 | 중선 | 소선(小船) |
| 제도 | 1460 | 경국대전 | 대맹선(大猛船) | 중맹선(中猛船) | 소맹선(小猛船) |
| 실제 | 1592 ~ 1815 | 호좌수영지<br>(湖左水營誌) | 1전선　　2전선　　3전선　　4귀선<br>(一戰船)　(二戰船)　(三戰船)　(四龜船) | | |
| 제도 | 1615 | 권반(權盼)의<br>실행절목(實行節目) | 전선 | 차선(次船)<br><br>지차선(之次船) | |
| 제도 | 1746 | 속대전(續大典) | 전선 | 방선(防船) | 병선(兵船), 사후선(伺候船) |
| 도본 | 1800 | 각선도본(各船圖本) | 상전선(上戰船) | 읍진전선(邑鎭戰船) | 병선(兵船) |

지금까지 비밀로 되어 있는 이순신 장군이 창제한 거북배의 배밑
길이는 '도표2'에서 찾아 볼 수 있다.

도표2. 이충무공이 창제한 거북배 치수(추정)

| 자료 이름 | 연대 | 배밑 길이 |
|---|---|---|
| 호좌수영지(湖左水營誌) | 1592~1815 | 10발 |
| 이충무공 종가 소장 거북배 그림 | 1600~1800 | 10발 |
| 여암전서(旅菴全書) 병선론 | 1712~1782 | 10발 |

### 그림 20~25. 각선도본(各船圖本)

이 밑그림들은 정조(1776~1800) 때 그려진 그림으로 추정하고

35, 37, 38, 40,
41, 43쪽 그림

있다. 모두 6장의 투시 설계도가 들어 있는데 전선도(戰船圖) 1장, 상장을 떼어낸 전선도(撤上粧戰船圖) 2장, 병선도(兵船圖) 1장, 조운선도(漕船圖) 1장, 관북의 조운선도 1장 등이다. 45도 투시도법으로 배를 자세하게 그렸고 채색도 하였다. 그리고 배의 만듦새와 치수도 설명하여 놓았다.

한선을 만드는 목수(船匠, 耳匠)는 이러한 도면만 있으면 비례, 구고현법(勾股弦法), 전통 조선 기법을 활용하여 배를 훌륭하게 만들어 낼 수 있었다.(서울대학교 도서관 소장)

**그림 20. 전선(戰船) 또는 판옥전선(板屋戰船)**　　　　　35쪽 그림

이 전선은 평전선(平戰船) 위에 상장(上粧)을 치장하였다. 평전선 위에 신방(信防, 舷欄;멍에 뻘목 위에 걸며 기둥을 세우기 위한 도리에 해당한다)을 걸고 그 위에 기둥을 세워 다락집을 만든 것을 판옥이라고도 한다. 그래서 그림과 같이 널판내기로 상장을 꾸민 배를 누선(樓船;樓船即戰船也) 또는 판옥선(板屋船)이라고도 한다. 임진왜란 때 전라좌수사 이순신 장군은 왕에게 올리는 보고서(狀啓)에서 전선을 판옥선이라고도 했다. 다음은 이 배에 대한 내용이다.


戰船

本板長九十尺 廣十八尺四寸 元高十一尺三寸 下層信防牌高五尺 船頭廣十五尺 船尾廣十二尺七寸 上粧長一百五尺 廣三十九尺七寸. 右統營上船尺量.


本板長六十五尺 元高八尺 中廣十五尺 船頭廣十二尺五寸 船尾廣七尺五寸.

右各邑鎭戰船尺量.


統營座副船駕木十六 本板十五立.

各邑鎭戰船駕木十五  本板十二三立.

飛荷直板十五立.  駕.  杉.  杉板七立.
櫓.  櫓九隻.  本板十五立在水面不見.
帆竹.  船尾虛欄.  升旗竹.  鵃.  碇.

　전선(판옥선)

　배밑의 길이는 90자, 한판의 너비는 18자 4치, 이물쪽의 너비는 15자, 고물쪽 너비는 12자 7치이고, 배의 한판의 높이는 11자 3치이다. 판옥으로 치장한 배의 길이는 105자, 너비는 39자 7치이다. 아래층의 신방 도리에서 위의 패란(방패 위에 있는 도리를 말하며 언방(偃防)이라고도 한다)까지의 높이는 5자이다. 위의 것은 통영의 제일 큰 전선인 상선(上船, 座船 ; 통제사가 타는 배)의 치수이다.

　배밑 길이는 65자, 한판의 너비는 15자, 이물쪽 너비는 12자 5치, 고물쪽 너비는 7자 5치이고, 배의 한판의 높이는 8자이다.

　위의 것은 수영에 속해 있는 각 관읍(官邑)과 진포(鎭浦)의 전선의 치수(尺量)이다. 통영의 좌선이나 부선의 멍에는 16개씩이고, 배밑은 15개(株)를 이어 붙였다. 각 관읍이나 진포의 전선의 멍에는 15개씩이고 배밑은 12, 13개의 나무를 이어 붙였다.

　이물비우는 세로다지 곧은(直板 ; 이물비우를 곡목으로 만든 전선과 구분하기 위해서 직판이라고 쓴 것 같다) 널판대기로 15쪽을 이어 붙였다. 뱃전 위에 멍에를 걸었다. 뱃전에 삼(杉)이라고 써 놓았다. 삼판 7쪽을 이어서 붙여 올려 무으었다. 양쪽 뱃전의 멍에 뺄목에 조선식 큰노 9척(隻)씩을 걸고서 노를 젓는다.

　배밑은 네모진 통나무 15개를 이어 붙였는데 물 속에 잠겨 있으므로 밖에서는 안 보인다. 이물돛대와 한판돛대가 있다. 고물 꼬리

에는 널판을 깔지 않고, 난간이 없으며 비어 있다. 깃발을 올리는
깃대가 있으며 고물에는 키(鴟)가 있고 이물에는 돌로 만든 닻장
이 달린 닻(碇)이 있다.

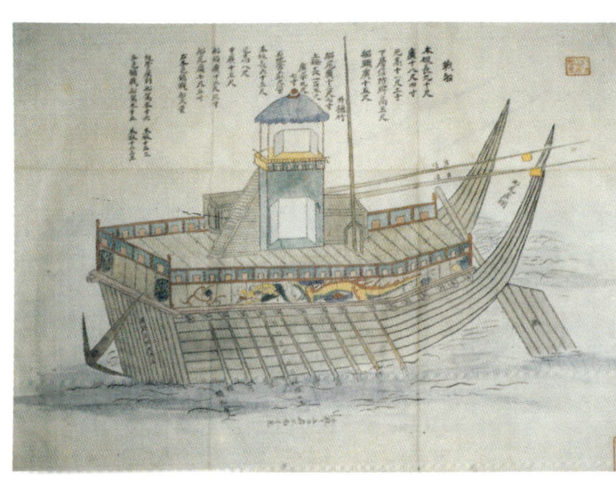

그림 20. 전선 또는 판옥전선  판옥
전선은 2층으로 되어 있는데, 1
층은 삼판 7쪽을 이어 붙여 올린
뒤에 멍에를 걸고서 그 위에 귀틀
을 짜고 겻집을 깐 곳까지 이른
다. 이것을 평선이라고 한다.

판옥전선은 2층으로 되어 있는데, 1층은 삼판 7쪽을 이어 붙여
올린 뒤에 멍에를 걸고서 그 위에 귀틀을 짜고 겻집(鋪版)을 깐
곳까지를 이른다. 이것을 평선(平船)이라고 하는데 구조상 선체
(船體), 본체(本體) 또는 하체(下體)라고 한다. 2층은 멍에 뺄목
위에 신방 도리를 걸고서 그 위에 기둥을 세우고, 판옥이나 다락을
꾸민 데까지를 이른다.

상장 위에는 이물과 양쪽 뱃전을 따라가면서 여장을 설치하였
다. 상장의 언방 위에 뱃집 멍에를 걸고 널판을 까는데 이것을 청판
(廳板)이라고 한다. 상장의 청판에서 이물돛대와 한판돛대를 뉘었다
세웠다 할 수 있게 장치를 하였다. 또 청판 위 한가운데에 다락을
만들었고, 그 위에 좌대를 만들고 가마지붕을 씌운 뒤 장막을 쳤

다. 통제사는 이 좌대(座臺)에서 모든 배와 군사를 지휘한다. 이 좌대를 장대(將臺)라고 한다.

여러 가지 자료를 종합해 보면, 임진왜란 이후의 전함이나 관용선의 이물비우는 세로다지 곧은 널판이나 곡목의 만듦새로 되어 있다는 것을 알 수 있다. 따라서 가로다지로 되어 있는 보통 배와 구별된다. 또 전함 삼판의 꼬리 부분(船尾翼)이 위로 솟구쳐 올라 있는 것같이 그려져 있다. 이는 전함의 위용을 나타내기 위한 것이나, 또 현호를 늘리기 위한 조선 기법으로 볼 수 있다.

한편 '선미허란(船尾虛欄)'이라고 쓰여 있는 것으로 보아 선미옥란을 설치할 목적으로 위로 올린 것 같다. 병풍의 전선 그림에는 선미에 널판이 깔려 있다.

### 그림 21. 전선(戰船 ; 상장을 뜯어낸 것 – 撤上粧)

뱃집 상장이 있는 누전선 또는 판옥선에서 위의 상장만을 뜯어 낸 평선이다. 곧 배밑, 뱃전, 이물비우 그리고 고물비우가 있다. 뱃전에 멍에를 걸고 그 위에 귀틀을 짜서 겻집을 간 평선이다.


戰船 撤上船

本板不見. 杉板七立. 飛荷直板十五立.

碇. 杉. 駕木. 船尾虛欄. 鴟. 駕龍木逐杉揷入而在駕木之底故不見於外

전선(상장을 뜯어 낸 것)

배밑은 물에 잠겨서 안 보인다. 삼판은 7쪽을 이어 붙여 무으어 올렸다. 이물비우는 곧은 세로다지 널판 15장을 이어 붙였다. 이물에는 닻이 있고, 7쪽의 뱃전에는 '삼(杉)'이라고 쓰여 있다. 뱃전 위에 14개 멍에가 걸려 있으며, 이물에는 선멍에 또는 덕판을 걸고, 고물에는 고물머리 멍에가 더 걸린다. 고물에는 난간을 하지 않아 비어 있다. 고물에는 키가 있다. 가룡목(駕龍木 ; 경기

지방에서는 장쇠라고도 한다)은 삼판을 쫓아가며 삼판 1장에
1가락씩 거는데, 활 모양으로 구부려서 양쪽 삼판을 꿰뚫어서
장쇠 끝의 뿔이 삼판 밖으로 나오게 한다. 멍에 바로 밑에 있기
때문에 밖에서는 안 보인다.

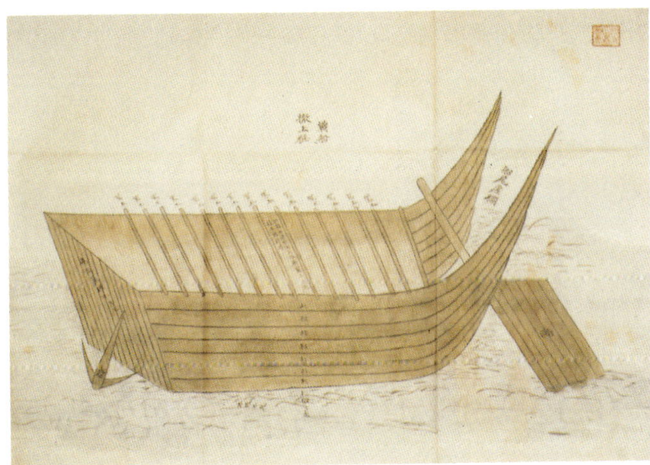

그림 21. 전선(戰船) 이 그림은 판옥이 있는 전선(35쪽 그림20 참조)의 선체와 그 구조가 똑같다. 평선으로 사용하다가 필요하게 되면 상장을 꾸며서 판옥전선으로 사용한 것 같다.

이 그림은 판옥이 있는 전선의 선체와 그 구조가 똑같다. 평선으
로 사용하다가 필요하게 되면 상장을 꾸며서 판옥전선으로 사용한
것 같다. 거북배도 거북 잔등을 헐어 내어 평선으로 사용했다는
기록이 있다. 다시 말하면, 평선 위에 거북 잔등을 올려 치장하면
거북배가 된다는 것이다. 원문에는 빠져 있으나, 멍에 위에 귀틀을
짜고 그 위에 겻집을 깐다. 삼판 7쪽을 무으어 올린 것으로 보아
이 전선에는 2개의 돛대(이물돛대, 한판돛대)가 있다. 그리고 닻줄
물레도 있다. 좌우 뱃전에서 조선식 큰노 10개씩을 걸고 노를 젓
는다.

# 그림 22. 전선(戰船, 평전선)

이 전선은 철상장과 같은 뱃집 상장이 없는 평선이다.

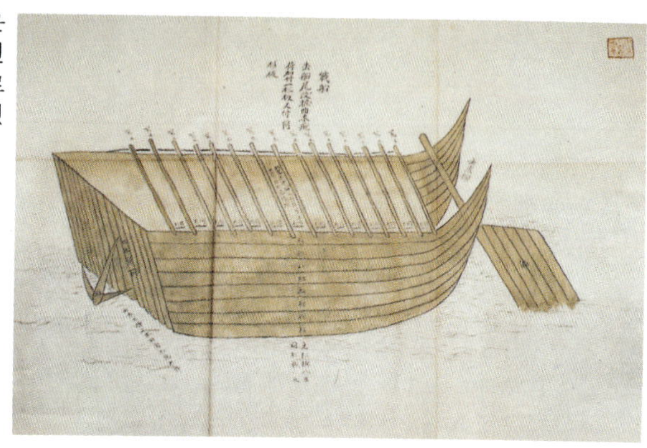

그림 22. 이 전선은 도해(渡海)하면서 큰 짐을 나르려고 개조한 것 같다.

戰船

去船尾改粧曲木飛荷加付一杉板又付同杉板

曲木之挿入本板處不見於外. 元杉板八立.

同杉板一立. 杉. 曲木飛荷. 碇. 同杉.

去虛欄. 鴟. 駕木. 駕龍木逐杉挿入而在駕木之底故不見於外.

　전선

　솟구쳐 올라간 삼판의 꽁지 날개(船尾兩翼)를 잘라 냈고 이물비우를 곡목으로 개장하였다. 삼판 7쪽 위에 1장을 더하여 8장으로 하였고, 그 위로 동삼판 1장을 더 올려 붙여 삼을 무었다. 곡목을 배밑에 박아 꽂은 곳은 밖에서는 안 보인다. 삼판은 8장을 이어 붙여 무으어 올렸다. 뱃전 위에 동삼(同杉) 1장을 더 이어 올렸다. 뱃전에 삼이라고 써 놓았다. 이물비우는 15개의 세로다지 곡목으로 만들었다. 이물에는 돌로 된 닻장을 달아맨 닻이 있다. 멍에와 멍에 사이에 '동삼(同杉)'이라고 써 놓았다. 선미 곧 고물에는 선미 난간을 뜯어 내었다고 써 있다. 고물에는 키(치) 가 있다. 뱃전 위에 멍에를 14개를 걸었다. 따로 이물에 선멍에, 고물에 고물머리 멍에를 건다. 가룡목(駕龍木, 또는 장쇠라고도 함)은 삼판마다 쫓아가며 양쪽 삼판을 꿰뚫어서 끼우는데 멍에 바로 밑에 있기 때문에 밖에서는 안 보인다.

가룡목은 삼판 1장에 1가락씩 활 모양으로 구부려서 건다. 이물비 우를 직판에서 곡목으로 바꾸고, 삼판을 1장 더 올리고, 그 위에 동삼(옥삼)을 더 올린 것을 보면 이 전선은 도해하면서 큰짐을 실어 나르려고 개조한 것 같다. 이 배에도 돛대가 2개 있고 닻줄물레도 있다. 멍에 위에 귀틀을 짜서 것집을 깐다. 좌우 뱃전에 조선식 큰노 10개씩을 걸고 젓는다. 도해(渡海)는 다른 나라로 항해하는 것을 말하는데, 사견선은 도해하는 까닭에 도해선이라고도 한다.

### 그림 23. 병선(兵船)

선체(船體)의 선형은 전통적인 한선식이라는 것을 그림과 설명문     40쪽 그림
을 보면 곧 알 수 있다.

兵船

本板長三十九尺 廣六尺九寸 高八尺 頭廣四尺五寸 尾廣四尺.

底板七立不見. 杉板七立. 船尾虛欄.

帆竹. 鴟. 碇. 駕木. 杉. 駕龍木逐杉插入而在駕木之底故不見於外.

병선

배밑의 길이는 39자, 너비는 6자 9치, 머리쪽(이물쪽)의 너비는 4자 5치, 꼬리쪽(고물쪽)의 너비는 4자이다. 뱃전 높이는 8자이 다. 배밑은 7쪽을 이어 붙였는데 그림에서는 물에 잠겨 있어서 안 보인다. 뱃전 삼판은 7쪽을 이어 무으었다. 배꼬리 곧 고물에는

난간을 하지 않아 비어 있다. 세웠다 뉘웠다 할 수 있는 돛대(대꼬작)가 2개 달려 있다.

고물에는 배의 방향을 잡아 주는 키가 있다. 이물에는 배를 매어 두는 닻이 있다. 뱃전 위에는 고물머리 멍에를 포함하여 10개의 멍에가 걸려 있고 이물 머리에는 선멍에(덕판)가 있다.

가룡목은 삼판마다 쫓아내려가면서 양쪽 삼판을 꿰뚫어서 끼우는데 멍에 바로 밑에 있기 때문에 밖에서는 안 보인다.

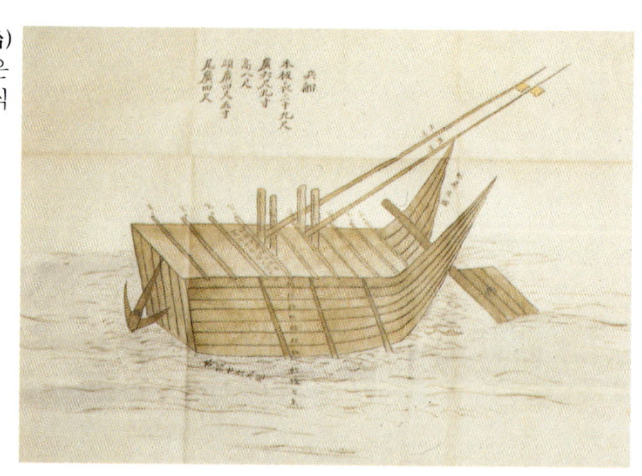



그림 23. 병선(兵船) 선체의 선형은 전통적인 한선식이다.

그림과 원문에는 빠져 있으나 멍에 위에다 귀틀을 짜고 그 위에다 겻집(널판대기를 깐 마루) 널판을 깐다.

멍에 뺄목 위에 조선식 큰노를 건다. 이물에는 닻을 감아 올리는 닻줄물레가 있다. 이물비우는 세로다지로 7장의 널판대기를 이어 붙였다.

# 조운선

## 그림 24. 조선(漕船)

이 배를 조운선(漕運船)이라고도 한다. 남부 지방의 세곡(稅穀)을 이 배로 서울까지 운반하였다.

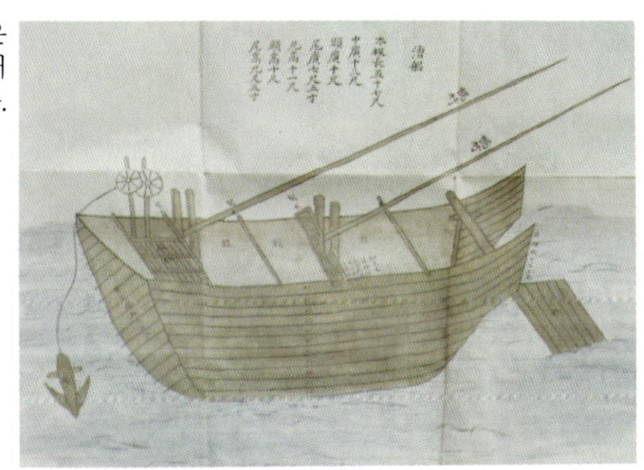

그림 24. 조선(漕船)은 세곡(곡식)을 실어 나르는 배를 말한다.

漕船

本板長五十七尺, 中廣十三尺, 頭廣十尺, 尾廣七尺五寸. 元高十一尺, 頭高十尺, 尾高九尺五寸. 帆竹. 駕木. 碇板. 碇. 荷防板十立不見. 鷗. 杉. 飛荷橫板十七立. 加(駕)龍木逐神(杉)揷入而在駕木之底故不見於外. 穀.

세곡을 실어 나르는 배

배밑의 길이는 57자, 한판의 너비는 13자, 이물쪽 너비는 10자, 고물쪽 너비는 7자 5치이다. 뱃전의 한판의 높이는 11자, 이물쪽 높이는 10자, 고물쪽 높이는 9자 5치이다. 2개의 돛대가 있다. 뱃전 위에 4개의 멍에를 건다. 이물에는 선멍에, 고물에는 고물머리 멍에를 건다. 닻줄물레와 이물돛대, 그리고 한판돛대를 다루기 편하게 하기 위한 널판이 뱃전 위에 걸쳐 있다.

이물에는 닻줄물레에 닻이 매달려 있다. 고물비우는 가로다지로 10쪽의 널을 이어 붙였는데 밖에서는 안 보인다. 고물에는 키가 있다. 뱃전에 삼이라고 써 놓았다. 이물비우는 가로다지로 17쪽을 이어 붙였다. 가룡목(장쇠)은 삼판마다 쫓아가면서 양쪽 삼판을 꿰뚫어서 끼우는데 멍에 바로 밑에 있기 때문에 밖에서는 안 보인다. 배 안에 곡식을 싣는다고 써 있다.

배 안에다 곡식을 싣기 때문에 멍에가 전선과 같이 많지는 않은 것 같다. 바닷배인 당도리(舳;돛이 2대 달린 배)의 경우, 이물큰멍에, 한판큰멍에, 소당큰멍에를 걸고 한판멍에 바로 뒤에 짝멍에를, 소당멍에와 고물멍에 사이에 거둥멍에를 건다(구조에 따라 약간은 다르다).

41쪽 그림  이 세곡 나르는 배는 그림에서 보는 것과 같이 이물멍에와 한판큰멍에 사이에 큰멍에가 하나 더 있고, 한판멍에 뒤에 소당큰멍에를 걸었다. 이 배의 구조 역학을 충분히 고려한 것 같다. 멍에 위에 귀틀을 짜지 않고 서까래로 지붕틀을 짜아 지붕을 만들고 그 위에 뜸을 입혀 덮는다. 곡식을 더 많이 싣기 위해서 삼판을 11장이나 붙여 이었다. 세곡을 실어 나르는 배의 크기는 전함에 있어서 차선과 지차선의 중간쯤 된다.

43쪽 그림  **그림 25. 북조선(北漕船)**

남부 지방의 세곡을 조선으로 운반하였으나 관북 지방의 세곡은 이 북조선으로 운반하였다. 원문(原文)에 기록된 북조선의 치수를 조선과 비교하여 보니 북조선의 너비가 좀 넓은 반면에, 조선은 뱃전의 높이가 한 자 정도 높다. 조선이 세곡을 1,000석 정도 실어 나른다고 하면 북조선은 약 1,400석을 실어 나른다고 볼 수 있다.

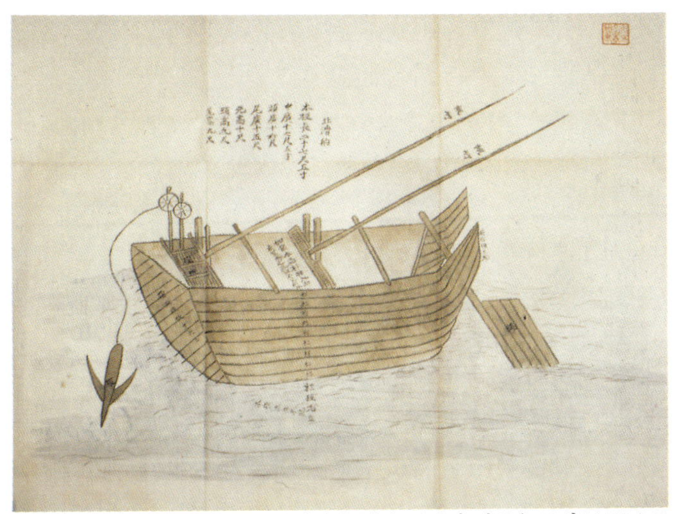


그림 25. 북조선은 함경도 조운선이다. 남부 지방의 세곡은 조선(漕船)으로 운반하였으나 관북 지방의 세곡은 이 북조선으로 운반하였다. 북조선은 조선 보다 400,500석 많은 1,400석 정도를 더 실어 나른다고 볼 수 있다.

北漕船

本板長二(五)十七尺五寸, 中廣十七尺五寸, 頭廣十六尺, 尾廣十五尺. 元高十尺, 頭高九尺尾高九尺. 帆竹. 碇板. 飛荷橫板十六立. 荷防板不見. 杉. 杉板九立. 加(駕)龍木逐杉揷入而在駕木之底故不見於外. 本板五立不見. 碇. 鷗.

### 세곡 실어 나르는 배

배밑의 길이는 27(57)자 5치, 한 판의 너비는 17자 5치, 이물 쪽 너비는 16자, 고물쪽 너비는 15자이다. 뱃전의 한판 높이는 10자, 이물쪽 높이는 9자, 고물쪽 높이는 9자이다. 2대의 돛대가 있다. 닻줄물레와 이물돛대 그리고 한판돛대를 다루기 편하게 하기 위한 널판이 뱃전 위에 걸쳐 있다. 이물비우는 가로다지로 16쪽을 이어 붙였다. 고물비우는 밖에서는 안 보인다. 뱃전에 삼이라고 써 놓았다. 뱃전인 삼은 9쪽을 이어 붙여 올려서 무으었다. 가룡목은 삼판마다 쫓아가면서 양쪽 삼판을 꿰뚫어서 끼우는데 멍에 바로 밑에 있기 때문에 밖에서는 안 보인다. 배밑은 5개를 이어 붙였는데 물에 잠겨 있으므로 밖에서는 안 보인다. 이물에는 닻줄물레에 닻이 매달려 있다. 고물에는 키가 있다.



## ※ 각선도본과 병풍도의 전선(戰船) 비교

35쪽의 그림 20의 상전선(上戰船)과 구조가 같은 전선으로 천자 1호좌선(天字一號座船)이다. 그림 20은 전함의 제도(制度)이며 조선 (造船)을 하기 위한 설계도이다. 이 그림은 65쪽의 그림 37과 같은 사진으로 삼도 수군 통제사가 휘하의 수군을 점고하고 조련하기 위해 실시하는 조련 전진의 위용이다. 장수 수(帥)자의 깃발을 달았고, 삼도주사사명(三道舟師司命)이란 깃발도 보인다.

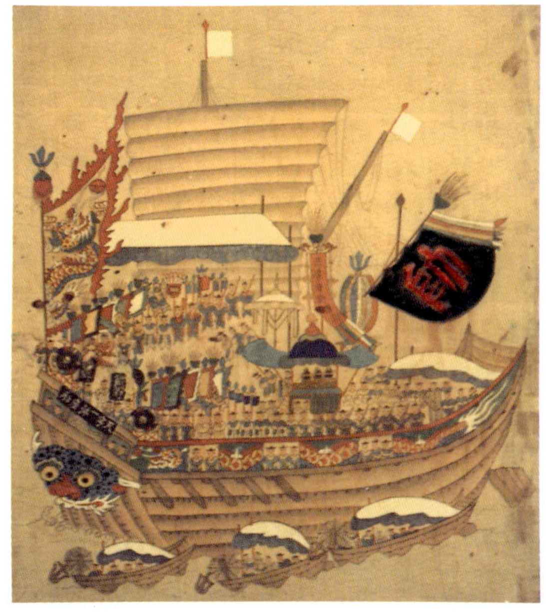

천자1호좌선

# 거북배(龜船)

거북배는 1592년(임진년) 전라좌도 수군절도사 이순신이 창제하였는데 그 구조와 성능을 보면 대략 아래와 같다.

장차 왜적의 침입을 염려해 따로 전선 크기만한 배를 만들었는데 배 위를 둥그스럼하게 판자로 덮고 그 위에 창칼을 꽂았다. 적군들이 배에 기어오르거나 뛰어내리면 창칼에 찔려 죽게 된다.
배의 앞에는 용머리를 달고 그 용의 입을 통하여 대포알을 쏘았다. 뒤에는 거북 꼬리를 달고 총구를 냈다. 배의 좌우에는 각각 6개의 대포 구멍을 냈다. 거북배에는 돌격장이 타고 함대의 선봉이 되어 나아간다. 적이 에워싸고 덮치려 하면 일시에 대포를 쏘아 가는 곳마다 휩쓸어 임진왜란의 크고 작은 해전에서 크게 공을 세웠다. 모습이 엎드린 거북과 같으므로 '거북배'라 하였다.

그러나 임진왜란 때 큰 공을 세운 거북배의 구조에 대한 자세한 설계도나 치수는 전해 오는 것이 없다. 다만 이순신 장군의 「난중일기」와 장계(狀啓;지방에 파견된 관원이 서신으로 임금에게 한 보고) 그리고 조카인 이분(李芬)의 행장, 몇 가지의 단편적인 자료에서 그 모습을 찾아볼 수 있을 따름이다.
거북배라는 이름은 조선 왕조 「태종실록」에 처음 나온다. 태종 13년 2월에 "왕이 임진나루를 지나가다가 거북배와 왜선으로 꾸민 배가 수전 연습을 하는 것을 보았다"라는 구절이 있다. 그러나 태종 때의 거북배는 평전선만이 있을 때였으므로 임진년의 거북배와는 그 구조가 달랐다고 보아야 한다. 다만 이름만이 같은 것이었다고 보는 것이 옳다.

32쪽 도표<br>48, 51쪽 그림

임진왜란이 끝난 지 197년 뒤인 1795년에 편찬한 「이충무공 전서(李忠武公全書)」가 있는데, 여기에는 당시에 만들어진 것으로 보이는 통제영 거북배(統制營龜船)와 전라좌수영 거북배(全羅左水營龜船)의 45도 투시도와 치수가 자세하게 기록되어 있다.

이 기록은 거북배의 생김새와 만듦새, 그리고 전투 성능과 각 구조의 기능을 알아볼 수 있는 유익한 자료이다. 이것을 바탕으로 하여 이순신 장군이 창제한 거북배의 생김새와 만듦새를 짐작할 수 있을 것으로 생각한다.

## 통제영 거북배(統制營龜船)


1795년(정조 19)에 편찬한 「이충무공 전서」의 책머리에 통제영 거북배와 전라좌수영 거북배의 그림과 그림 설명이 있다. 모두 694자로 되어 있는데 거북배의 주요 치수와 만듦새 그리고 기능에 대하여 설명하고 있다.

龜船之制

底板俗名本板聯十長六十四尺八寸頭廣十二尺腰廣十四尺五寸尾廣十尺六寸 左右舷板俗名杉板各聯七高七尺五寸最下第一板長六十八尺以次加長至最上第七板長一百十三尺並厚四寸 艫板俗名荷板聯四高四尺第二板左右穿玄字砲穴各一 舳板俗亦名荷板聯七高七尺五寸上廣十四尺五寸下廣十尺六寸第六板正中穿穴經一尺二寸揷舵俗名鴟 左右舷設欄俗名信防欄頭架橫梁俗名駕龍正當艫前若駕牛馬之臆 沿欄鋪板 周遭植牌 牌上又設欄 俗名偃防 自舷欄至牌欄高四尺三寸 牌欄左右各用十一板俗名蓋板又龜背板鱗次相向而覆䯻其脊一尺五寸以便竪桅偃桅艫設龜頭長四尺三寸廣三尺裏爇硫黃焰硝張口吐煙如霧以迷敵 左右櫓各十 左右牌各穿二十二砲穴 設十二門 龜頭上穿二砲穴 下設二門 門傍各有一砲穴 左右覆板又各穿十二砲穴 揷龜字旗 左右鋪板下屋各十二間二

間藏鐵物三間分藏火砲弓矢槍釴十九間爲軍兵 休息之所 左鋪板上屋一間船將居之 右鋪板上屋一間將校居之 軍兵休則處鋪板下 戰則登鋪板上納砲于衆穴粧放不絶 按忠武公行狀云 公爲全羅左水使知倭將猘創智作大船 船上覆以板 板上置十字細路以容人行悉以錐刀布之 前龍頭後龜尾 銃穴前後左右各六 以放砲大丸 遇則編茅覆上以掩錐刀而先鋒 賊欲登船則離錐刀 欲來掩則一時銃發 所向莫不披靡 大小戰以此收績者甚夥 狀如伏龜故名龜船 皇明華鈺海防議云朝鮮龜船布帆竪眠惟意風逆潮落亦可行即指公所創之船也 然而並未詳言其尺度 今統制營龜船盖出於忠武舊制而亦不無從而損益者 公之創制船寔在於全羅左水營而今左水營龜船與統制營船制略有異同 故付見其式于下 (※板:原典에는 版)

거북배의 제도

배밑은 10쪽을 이어 붙였는데 길이는 64자 8치이고, 머리쪽 (이물) 너비는 12자, 허리(한판)의 너비는 14사 5치, 꼬리쪽(고물) 너비는 10자 6치이다.

좌우 삼판은 각각 7폭을 이어 무으어 올렸는데 높이는 7자 5치이다. 맨 아래 첫째 판(부자리)의 길이는 68자이고, 차차 길어져서 맨 위 일곱째 판의 길이는 113자가 된다. 두께는 다 같이 4치이다.

이물비우는 가로다지로 4쪽을 이어 붙였는데 높이는 4자이고, 둘째 판 좌우에 현자 대포 구멍을 각각 1개씩 뚫었다. 고물비우는 가로다지로 7장을 이어 붙였는데 높이는 7자 5치이고, 위쪽 너비는 14자 5치, 아래쪽 너비는 10자 6치이다. 여섯째 판 한가운데에 직경 1자 2치가 되는 구멍을 뚫어 키(치)를 꽂았다.

좌우 뱃전 밖으로 멍에 뺄목 위에 신방(도리)을 걸고 신방 머리쪽에 멍에(가룡)를 가로로 걸쳤는데 바로 이물(뱃머리) 앞에 닿게 되어 마치 소나 말의 가슴에 멍에를 메인 것 같다.

신방을 따라가면서 안쪽으로 널판대기(포판)를 깔고 신방 위에

# 통제영 거북배

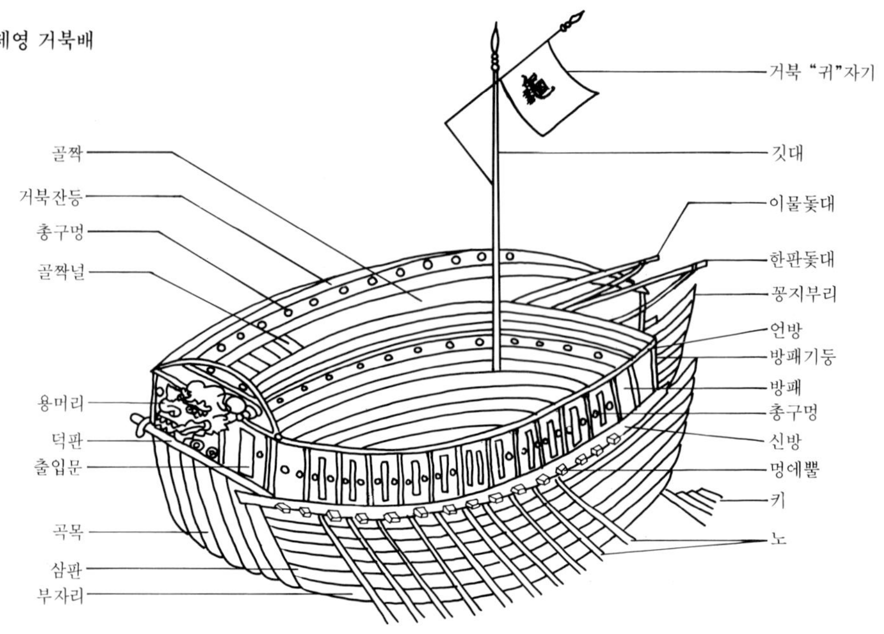


## 통제영 거북배 중앙 단면도(내부 구조) (이원식 도면, 1975)

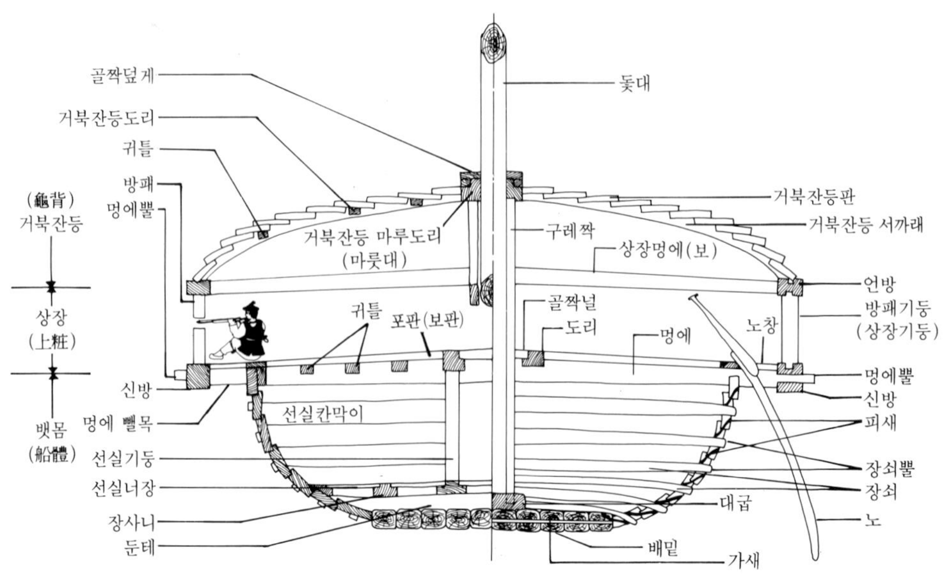

기둥을 세우고 방패를 둘러 세웠다. 방패 위에 또한 언방(살림집의 도리와 같음)을 걸었는데 신방(현란)에서 언방(패란)까지의 높이는 4자 3치이다.

언방(패란)의 좌우 안쪽으로 각각 11장의 거북 잔등판을 겹쳐서 올려 덮었다. 그 잔등에는 1자 5치의 틈(등골)을 내어서 돛대를 세웠다 뉘었다 하기 편하게 하였다.

뱃머리(이물)에 거북 대가리(용머리)를 달았는데 길이는 4자 3치, 너비는 3자가 된다. 안에서 유황과 염초를 태워 입을 벌려서 마치 안개처럼 연기를 토함으로써 적을 혼미케 한다.

좌우에 노가 각각 10척씩 있고, 배의 좌우에 각각 14개의 방패가 있다. 그 방패에 각각 22개의 대포 구멍을 뚫었고 또 각각 12개의 문을 냈다.

뱃머리(이물)의 거북 대가리(용머리) 위쪽에 2개의 대포 구멍이 있고, 거북 대가리(용머리) 아래에 2개의 문을 냈다. 문 옆에 각각 1개씩의 대포 구멍이 있다. 거북 잔등판 좌우에도 각각 12개의 대포 구멍을 뚫었다. 그리고 거북 '귀'자의 기를 꽂았다.

배의 좌우 포판(겻집) 아래에 방이 각각 12칸이 있는데 2칸은 철물을 쌓아 두고 3칸은 대포와 활, 화살, 창, 검 등을 나누어 재어 놓으며 나머지 19칸은 병사들이 휴식하는 곳이다. 배 위 왼쪽 포판 위에 있는 방 1칸에는 선장이 살고, 오른쪽 포판 위에 있는 방 1칸에는 장교들이 산다. 병사들이 쉴 때는 포판 아래 선실에 있고 싸울 때는 포판 위로 올라 모든 대포 구멍에 대포를 걸어 놓고 끊임없이 쟁이고 쏘아댄다.

살펴보건대 「충무공 행장」에 이르기를,

"공이 전라좌수사를 지낼 때 왜적이 장차 쳐들어오리라는 것을 알고 큰 전선을 창제하였다. 배 위를 판자로 덮고 덮개 위에는 열십(十)자로 좁은 길을 내어 사람이 겨우 다닐 수 있게 하고 나머지는 모두 창칼을 꽂았다. 이물(뱃머리)에는 용머리를 달고 고물(뱃꼬리)에는 거북 꼬리를 달았다. 총(대포)구멍은 앞뒤와 좌우에 각각 6개가 나 있고 큰 탄환으로 쏜다. 적을 만나 싸울 때에는 거적으로 거북 잔등판을 덮어씌워 창칼을 가리고 함대의 선봉이 되어 나아간다. 적군이 배에 오르거나 뛰어내리면 창칼에 찔려 죽게 되고, 적선들이 엄습하여 오려 하면 한꺼번에 대포를 쏘아 가는 곳마다 휩쓸지 않은 곳이 없었다. 크고 작은 싸움에서 이 거북배로 공을 거둔 것이 심히 많으며, 모습이 엎드려 있는 거북과 같으므로 이름을 거북배(귀선)라고 하였다."

### 전라좌수영 거북배(全羅左水營龜船)

1795년 통제영 거북배의 설명문 다음에는 그 당시의 전라좌수영 거북배의 치수와 구조에 대한 것을 덧붙여 놓았다.

全羅左水營 龜船 尺度長廣與統制營龜船略同而但龜頭下又刻鬼頭覆板上畵龜紋左右各有二門龜頭下砲穴各一舷欄左右砲穴各十覆板左右砲穴各六左右櫓各八.

전라좌수영 거북배의 길이와 너비, 치수는 통제영 거북배와 거의 같으나 다만 거북 대가리(용머리) 아래에 귀신의 머리를 조각하였다. 잔등 덮개 위에 거북 무늬를 그렸고 좌우에 각각 문이 2개씩 있다. 거북 대가리 아래에 대포 구멍이 하나씩 있고 좌우 방패에 각각 10개의 대포 구멍이 있다. 잔등 덮개 좌우에 대포 구멍이 6개씩 있다. 좌우 뱃전에는 노가 8척씩 있다.

### 그림 26. 머리 없는 거북배(無頭龜船)

이 그림을 그린 연대는 「이충무공 전서」를 편찬(1795년)한 때보다 늦은 것으로 보여진다. 그림을 그린 수법은 「이충무공 전서」의 거북배 그림과 거의 같다. 다만 신방 위의 방패가 13개 달려 있는

## 전라좌수영 거북배

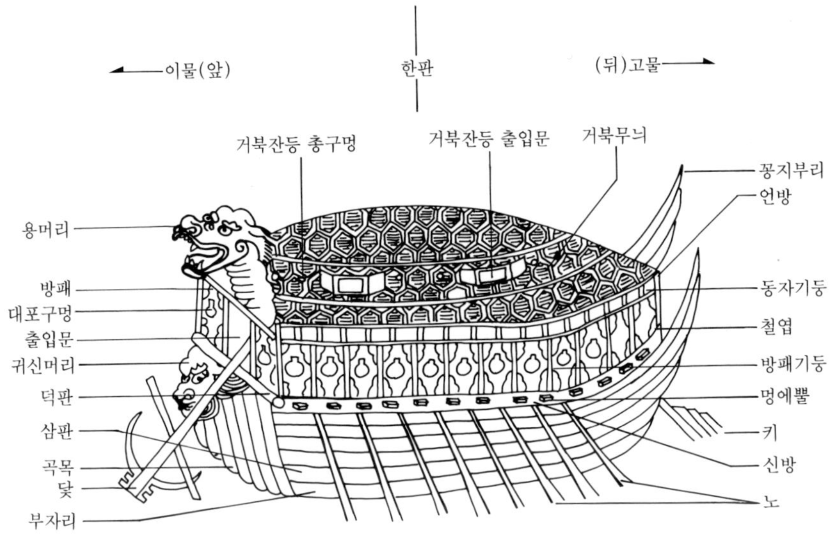



## 전라좌수영 거북배 중잉 단면도(내부 구조)(이원식 도면, 1975)

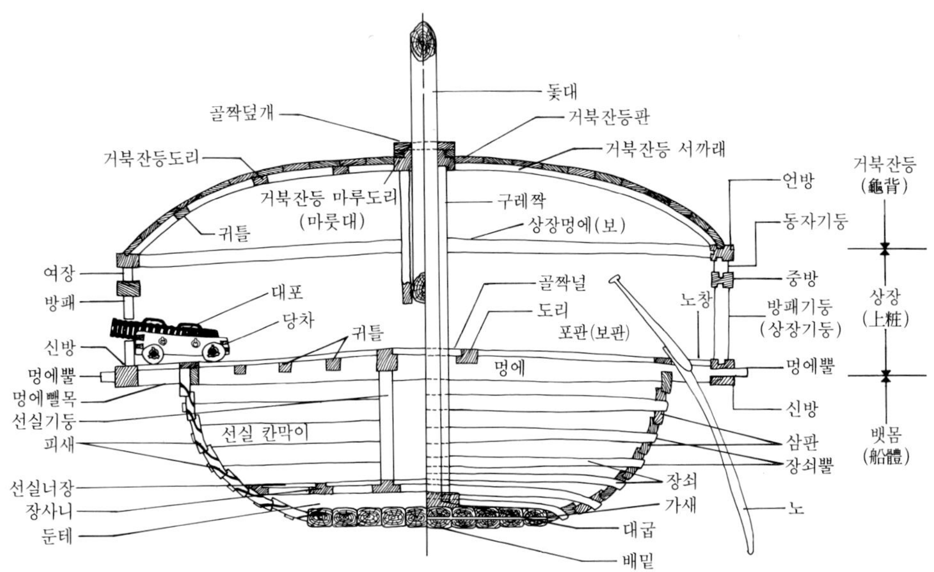

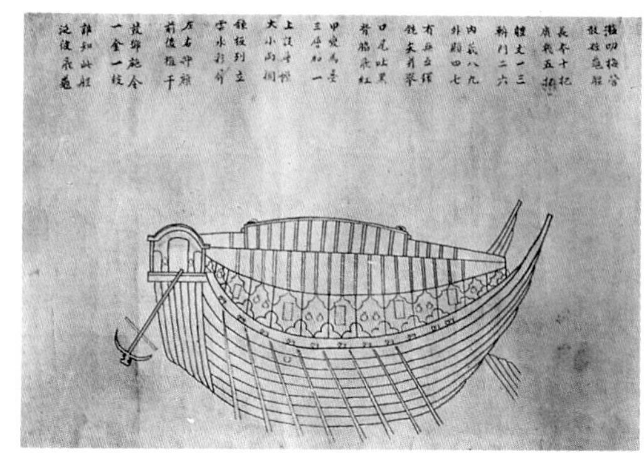

그림 26. 머리 없는 거북배 그림 위에 거북배를 찬양한 시가 있다.

것이 다르고 거북 잔등판의 구조가 좀 특이하다. 삼판은 9폭을 무으어 올렸다. 이물에는 용두를 달지 않았다. 그림 위편에 거북배를 찬양한 시(龜船頌)가 있는데 그 내용에 임진년 전라좌수영에서 만든 거북배의 치수와 구조를 밝혀 주는 구절이 있다.

滥叨梅營 敢粧龜船 長本十把 廣幾五把 體丈一三 輞門二六 內藏八九
外顯四七 有無互環 銃矢并擧 口尾吐黑 背脇飛紅 甲變爲臺 三層加一
上設座幕 大小兩欄 鍊板列立 雲水彩屛 左右揷旗 前後欄干 發號施令
一金一鼓 誰知此船 泛彼飛龜

전라좌수영에서 거북배를 꾸몄으니, 배밑 길이는 50자요, 배의 너비는 25자가 된다. 뱃몸의 길이는 65자요, 방패문은 좌우로 26이라. 안으로 감춘 것이 89요, 밖으로 내보인 것이 47이다. 구멍에 총과 화살을 다 같이 걸고 쏜다. 입과 꼬리에서 검은 화약 연기를 내뿜고 등과 옆구리에서 붉은 불을 뿜으며 대포를 쏜다. 거북딱지가 변하여 장대가 되니 3층에 하나를 더한 것이라. 그 위에다 좌대를 만들어 장막을 두르고 크고 작은 난간을 양쪽에 꾸몄구나. 방패를 둘러 세우고 구름과 물결 그림을 병풍과 같이 그렸다. 좌우에 깃발을 꽂고 앞뒤에는 난간이라. 쇠징을 한번 치면 후퇴하고, 북을 한번 울리면 전진하는 군호를 내리고 영을 시행하니, 그 누군들 이 배가 파도를 타고 나는 거북인 줄 알리요.(이충무공 종가 소장 귀선도, 이재훈 제공, 1976)

### 그림 27. 쌍돛단 거북배(雙帆龜船)

뱃몸은 앞의 그림과 똑같다. 다만 이물에는 용두를 달았으며 고물에는 꼬리를 달았다. 장대(將臺)를 꾸미고 좌대를 세우고 가마지붕을 하고 장막을 둘렀으며 차일을 쳤다. 이물과 한판돛대를 세우고 돛을 올려 행선하는 모습이다. 돛대 꼭대기에는 꿩의 깃털을 꽂았고, 그 아래에 바람의 방향을 알려 주는 깃발을 꽂았다. 장대와 좌대 그리고 장막과 차일은 전선의 것과 똑같다. 만듦새는 병풍(朝鮮三道水軍戰陣圖)에 나오는 거북배의 그림과 거의 같으며 더 자세하게 세필로 그렸다.(이충무공 종가 소장 귀선도, 이재훈 제공, 1976)

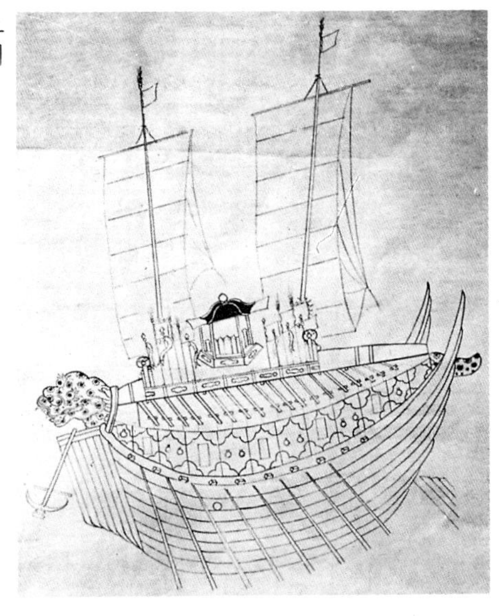

그림 27. 뱃몸은 그림26과 같으나 이물에 용두를 달고, 고물에 꼬리를 단 것이 다르다.

# 거북배의 모형선

우리나라에서 공식적으로 거북배의 모형선을 제작하기 시작한 것은 1969년 현충사 중건 때 유물 전시관에 전시하기 위하여 제작한 1/6 축척의 거북배가 처음이다. 그 뒤로 여러 곳에서 거북배의 모형선이 전시되고 있으나 공식적으로 자료를 구할 수 있는 것만 소개하기로 한다.

**그림 28. 해군사관학교의 거북배**(1972년~1979년 전시)

1970년 7월부터 1971년 1월까지 7개월에 걸쳐서 인천시 화수동 해안에서 건조한 원형의 1/2 축척 크기의 거북배이다. 이 거북배의 이름은 전라좌수영 거북배이며, 1795년 때의 조선 수군의 싸움배이다.(축척 1/2, 체적 1/8,「민학」제1집 사진, 조선/원인고대선박연구소, 발원/김계원)

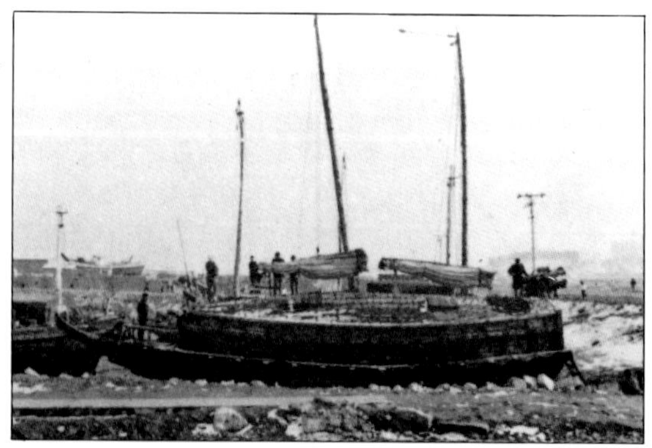

그림 28. 전라좌수영 거북배이며, 1795년 때의 조선 수군의 싸움배이다. (인천 갯벌에 정박 중인 거북배).

55쪽 그림

## 그림 29. Expo '86 거북배

1986년 캐나다의 벤쿠버시티에서 개최된 Expo '86 한국관에 전시하기 위하여 1985년 12월부터 3개월에 걸쳐서 건조한 원형의

1/5 축척 크기의 거북배이다. 이 거북배의 이름은 전라좌수영 거북배이며, 1795년 때의 조선 수군의 싸움배이다.

주요 치수는 다음과 같다.

뱃몸의 길이 : 16.8자(원형은 84자) 추정, 뱃몸의 너비 : 5.6자(원형은 28자) 추정, 뱃몸의 높이 : 1.5자(원형은 7.5자).

이 거북배는 「이충무공 전서」에 있는 전라좌수영 거북배 그림을 기본으로 하고, 전서의 책머리에 있는 그림 설명과 관계 문헌을 참고로 고증을 했으며, 전통적인 한선의 조선 기술, 기법과 법식으로 무으었다. 또한 고대의 기하학인 구고현법(勾股弦法, 피타고라스의 정리)과 비례법(比例法)을 응용하여 설계하였다.

배밑은 네모진 통나무 10쪽을 이어 가새로 양쪽에서 어긋매껴 가면서 꿰뚫어 박았다. 삼판은 7폭을 턱 따서 걸치고, 겹쳐서 무으어 올렸다. 삼판을 무으어 올릴 때 피새를 위판 밖에서 아래판 안쪽으로 네모지게 파낸 구멍을 꿰뚫어서 박았다. 장쇠는 5군데의 큰멍에 바로 밑에다 삼판마다 쫓아 내려가면서 양쪽의 삼판을 꿰뚫어서 활처럼 걸었다. 한판멍에와 이물멍에 뒤에 돛대를 세우고 돛폭에다

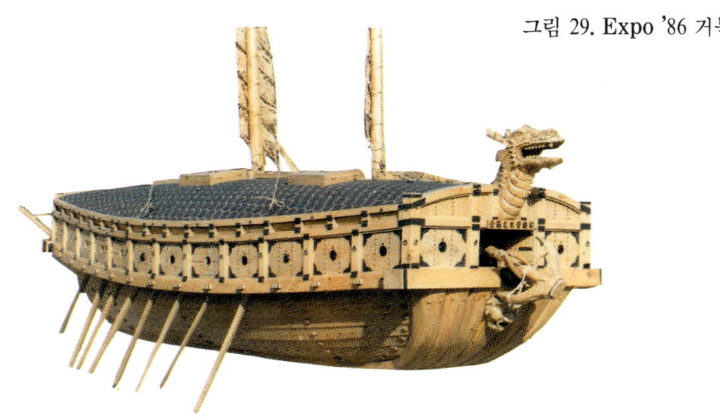

그림 29. Expo '86 거북배

활대를 가로 매어단 조선식 돛을 달아 올렸다. 노창의 멍에 뺄목 위에 노좃을 박고 그 노좃에다 조선식 큰노를 걸었다. 용두는 전라 좌수영 거북배 그림의 용두를 본으로 하고, 전통적인 용두의 그림과 조각물(彫刻物;비석의 귀부, 덕수궁 물시계의 용기둥)을 본떴다. 이물의 곡목 위의 귀신머리는 귀면와(鬼面瓦)를 본떴다.(축적 1/5, 체적 1/125, 이원식사진, 조선/원인고대선박연구소, 발주/ 대한무역진흥공사)

그림 30. 거북배의 뱃
　　　전(杉板)

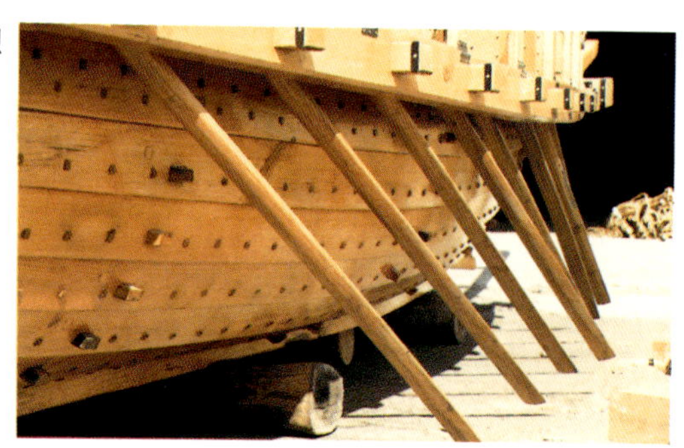

### 그림 30. 거북배의 뱃전(杉板)

평평한 배밑의 가장자리를 따라가면서 7폭의 삼판을 턱을 따서 겹쳐서 무으어 올렸다. 위삼판과 아래삼판은 피새로 연결하였는데 위판의 바깥쪽에서 아래판 안쪽으로 2번 꺾어서 때려 박았다. 피새 옆에 장쇠의 뿔이 보이는데 5군데의 큰멍에 밑에 삼판마다 장쇠 1가락씩 양쪽의 삼판을 꿰뚫어서 활처럼 구부려서 걸었다. 그 장쇠 의 장부 끝이 밖으로 빠져 나와 보이는 것이다. 장쇠는 멍에 바로 밑에 있기 때문에 밖에서는 안 보인다. 조선식 큰노는 뱃전과 신방 사이의 2자 남짓한 노창(櫓窓, 櫓櫨)에서 젓는다. 노는 멍에 뺄목 위에다  노좃을 박고 그곳에 걸고서 젓는다.

## 그림 31. 거북배의 돛

「난중일기」의 임진년 2월 초파일에 "거북배에 쓸 돛감(帆布) 29필을 가져 왔다", 4월 초하루에는 "돛을 만들기 시작했다"라는 기록이 보인다.

거북배에는 이물돛대와 한판돛대가 있는데, 그 돛대에 돛을 달아 올렸다. 옛날에 삼베나 면포 돛은 관선이나 싸움배에만 썼고 일반에서는 부들로 짠 돛을 달았다. 행선하고자 하는 방향으로 바람이 불면 돛을 올리고 출발하는데 도중에 바람이 적거나 행선을 서두를 때는 조선식 큰노를 걸고서 노질을 재촉하여 행선한다.

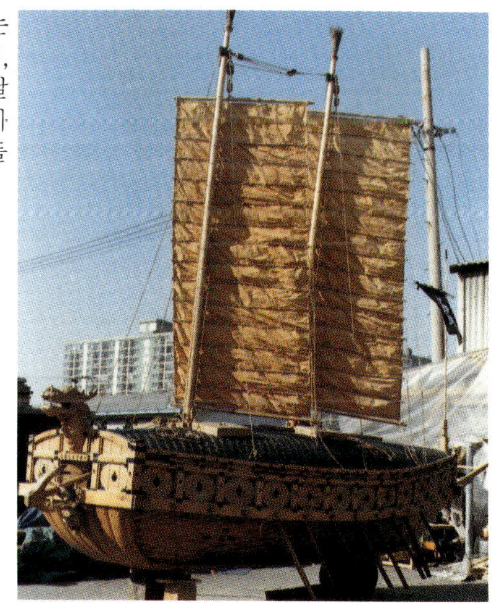

**그림 31. 거북배의 돛** 거북배에는 이물돛대와 한판돛대가 있는데, 그 돛대에 돛을 달아 올렸다. 옛날에 삼베나 면포 돛은 관선이나 싸움배에만 썼고 일반에서는 부들로 짠 돛을 달았다.

거북배에는 약 90명의 노 젓는 군사(格軍, 櫓軍)가 있었다고 한다. 조선식 큰노 1척에 4명이 둘씩 마주 서서 젓고, 우두머리 1명이 더 붙어서 모두 5명이 젓게 된다. 전라좌수영 거북배에는 한쪽 뱃전에 8척의 노가 달려 있다.(축척 1/5, 체적 1/125, 이원식 사진)

# 사견선

1592년(임진년)에 조선을 침략한 일본군은, 1598년 8월 히데요시(豊臣秀吉)가 죽고 조선에 침입하였던 일본군들이 패전을 거듭하자 자기 나라로 패퇴하게 된다. 그 뒤 이에야쓰(德川家康)가 일본의 대권을 잡게 되자 대마도의 종의지를 통하여 히데요시의 침략을 사죄하는 사신을 조선에 보낸다. 조선에서는 사명대사를 일본에 파견하여 접촉하게 하였다. 그 뒤로 1607년부터 1811년까지 모두 12차례나 통신사를 파견하였다. 이때 통신사 일행과 역관(譯官)들을 태우고 바다를 건너간 배를 사견선(使遣船)이라 한다.

그림 32. 사견선이 돛을 달고 항해하는 모습

朝鮮 船 入津之影

譯使東萊釜山湊五月二日出帆同四日對州府中浦湊午刻入船. 朝鮮船千石積. 人數八拾五人乘. 外 上官 八人乘.

조선배가 나루터로 들어오는 그림. 통역관 사절단이 동래의 부산 항구를 5월 2일에 돛을 올려 떠나서 4일 낮 12시에 대마도의 후쮸우우라(지금의 이즈하라;嚴原) 나루턱에 들어왔다. 천석을 싣는 조선배(큰 배라는 뜻)이다. 85명이 탔고 그 밖에 우두머리 관원(官員) 8명이 더 탔다."(慶應義塾대학 소장, 김재근 사진)

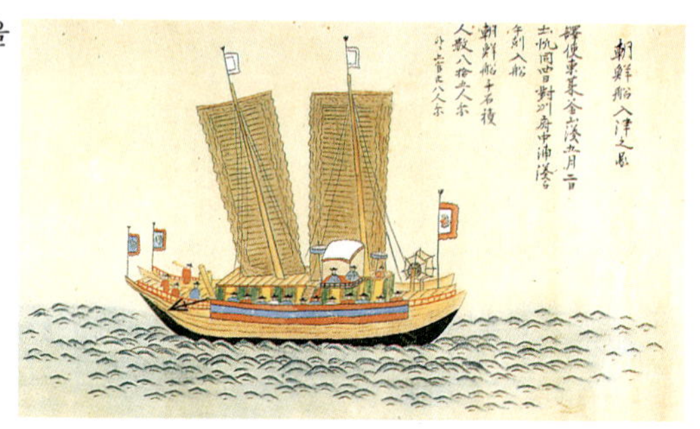

그림 32. 사견선이 돛을 달고 항해하는 모습

## 그림 33. 사견선 뱃몸(船體)의 전개도(1822년)

1972년에 발견된 경남 고성읍 이광현 씨가 소장하고 있던 「헌성유고(軒聖遺稿)」라는 필사본 속에 사견선에 대한 설계도 및 배를 짓는 데 필요한 재료의 명세 등이 기록되어 있다. 옛날 배에 대한 전개식 설계도 및 평면 설계도는 아직 발견되지 않았고, 오직 이 사견선의 설계도가 있을 뿐이다.

배밑, 삼판, 이물비우, 고물비우 등에 대한 나무의 치수와 필요 수량, 나무못의 종류와 필요 수량, 쇠못의 종류와 소요 수량 등을 자세하게 기록하고 있다. 또 배밑의 길이와 너비, 뱃몸의 길이와 너비 등도 기록하여 놓았다.

배밑은 너비 1자 내지 1자 반이 되는 네모진 통나무를 옆으로 11개를 잇고 가새를 박는다.

배밑의 양쪽 가장자리에 7쪽의 삼판(두께가 판마다 다르다)을 각각 이어 붙인다. 이물쪽에 귀삼(耳杉) 1장을 더 올려서 이물을 솟아오르게 한다. 삼판에 박는 못은 섞어서 쓰는데 바닷물에 잠기는 데는 참나무못을 쓰고 마른 데는 쇠못을 쓴다.

이물비우는 세로다지로 대어 막는다. 한가운데 곡목을 세우는데 아래는 배밑 사이에 꽂아 넣는다. 양옆으로는 각각 3개의 비우를 세운다. 가새를 옆으로 7군데에다 때려 박아 잇는다. 쇠못, 꺾쇠, 거밀못, 대갈못, 넓적쇠 등을 함께 쓴다.

고물비우는 가로다지 널판대기 7장을 대어 박는다. 배의 못은 참나무못과 쇠못을 섞어 쓴다. 고물비우의 6번째와 7번째 널판대기 이음새에 키 꽂는 구멍을 뚫는다.

배밑의 길이는 66자, 이물쪽 너비는 11.5자, 허리쪽 너비는 16자, 고물쪽 너비는 10.5자가 되고 몸체의 길이는 91자, 한판의 너비는 22.5자가 된다.(고성 이광현 씨 소장, 이원식 사진, 도면, 1972)

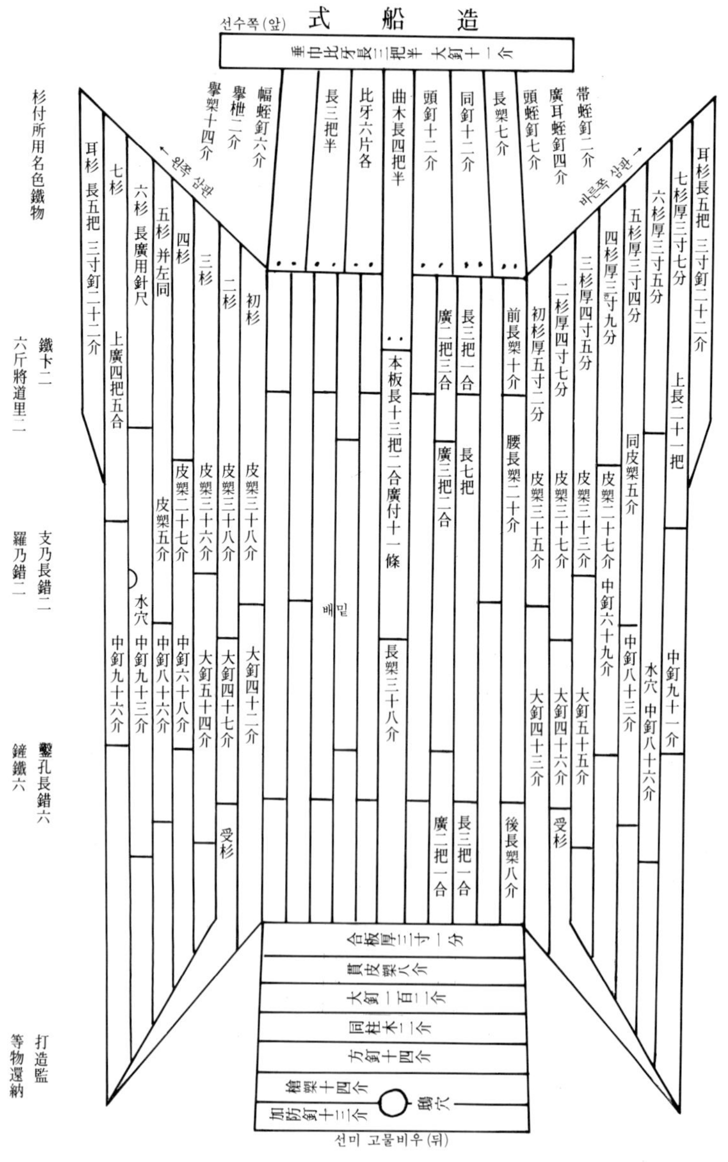


그림 33. 사견선 뱃몸(船體)의 전개도

### 그림 34. 사견선 평면도

뱃몸이 완성된 다음 뱃전 위에 멍에를 얹어 걸고 그 위에 널판도 깔고 뱃집도 세우는 도면을 그렸다.

뱃전 위에 15개의 멍에를 가로로 건다. 양쪽 삼판 바깥쪽으로 신방(信防;기둥을 세우는 밑도리)을 걸고 그 위에 난간대(궁지)를 건다. 조선식 큰노를 삼판과 신방 사이의 멍에에 건다. 겻집 위에는 선실(船室, 樓屋)을 짓는데 모두 14칸의 방을 배의 중앙을 중심으로 좌우로 들인다. 이물돛대와 한판돛대를 세운다. 뒷간은 고물 맨 끝에 둔다.(고성 이광현 씨 소장, 이원식 도면, 1972)

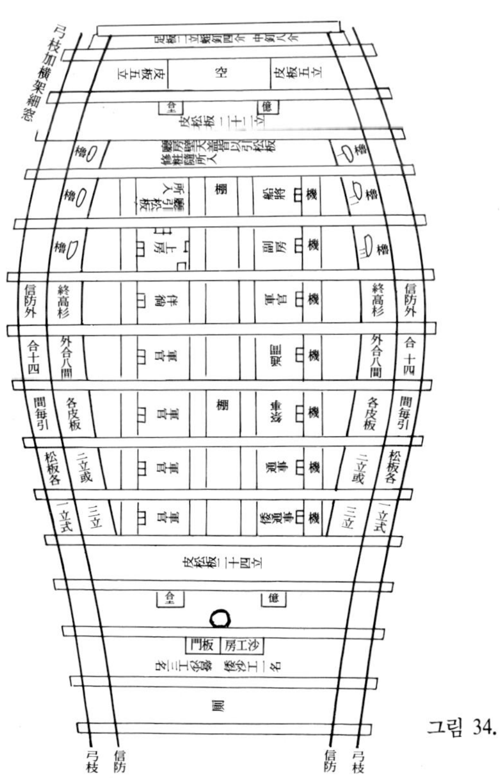

그림 34. 사견선 평면도

## 그림 35. 1811년 때의 사견선 평면도

신미년 순조(純祖) 11년에 통신사 김이교(金履喬) 일행이 타고 갔던 배로서 제목을 '한선앙면도(韓船仰面圖)'라고 했다. 일본측 수행원이 그린 그림이다.

"길이는 23~24칸(間;3자), 너비는 6칸이고, 멍에는 각목으로서 크고 굵다. 양쪽의 난간에는 칠을 했다. 뱃전과 난간 사이(3자)에 노를 걸고 저었다. 이물과 고물이 조금씩 높다. 노는 소나무로 만들었는데 길이가 길기 때문에 풍랑에 부딪혀서 자주 부러진다. 전체의 만듦새는 아주 거칠다. 배가 큰 데 비하여 견고하지 않은 것같이 보인다"라고 적어 놓았다.

이물에는 나무닻이 있고 고물에는 키가 있는 것이 보인다. 1972년에 고성에서 발견된 1822년의 사견선의 설계도와 비교해 보면 그 구조가 꼭 들어 맞는다는 것을 알 수 있다. 그림에 적어 놓은 설명은 한선의 만듦새와 쓰임새를 아주 잘 표현하고 있다. 특히

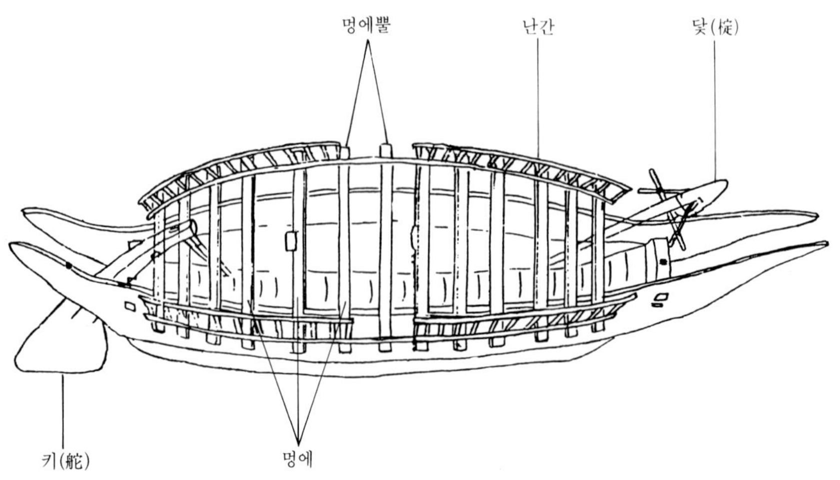


그림 35. 사견선 평면도

뱃전과 난간 사이에 노를 걸고 저었다는 것은 매우 중요한 사실이
다.(「조선 통신사의 발자취」, 김의환)


도표 3. 교린지(交隣志)의 사견선 치수

※ 1자=0.3124미터

| 구 분 | | 대선 | 중선 | 소선 |
|---|---|---|---|---|
| 배밑의 길이 | | 71.25자 | 67.5자 | 60.75자 |
| 배밑의너비 | 머리 - 이물 | 10.05자 | 10.05자 | 7.0자 |
| | 허리 - 한판 | 12.25자 | 11.75자 | 11.5자 |
| | 꼬리 - 고물 | 10.0자 | 9.75자 | 7.0자 |
| | 뱃집(上粧) 길이 | 95.5자 | 92.0자 | 85.15자 |
| 배의 너비 | 허리(한판) | 17.5자 | 17.5자 | 16.15자 |
| 이물 비우의 길이 | | 15.75자 | 15.75자 | 18.5자 |


　　위의 치수와 일본 화공이 설명한 이 배의 치수를 비교하면 도표4
와 같다.


도표 4. 사견선의 비교

※ 1자=0.3124미터

| 구 분 | 뱃집(上粧)의 길이 | 너비 |
|---|---|---|
| 교린지의 대선 | 95.5자 | 17.5자 |
| 교린지의 중선 | 92.0자 | 17.5자 |
| 교린지의 소선 | 85.15자 | 16.15자 |
| 그림의 사견선 | 72.0자 | 18.0자 |

# 병풍 속의 조선 삼도 수군의 전함

## 그림 36. 조선 삼도 수군 조련 전진도 병풍

이 그림은 조선시대 전함의 제도인 '전선(戰船), 방선(防船), 병선(兵船), 사후선(伺候船)'이란 명칭으로 미루어보아 1741~1800년경에 그 당시 수군 편제(水軍編制)를 그린 병풍으로 추정된다(거북배가 40여 척이 있는데 이 제도는 정조 연간에 해당된다).

통제사가 삼도의 수군을 점호하고 조련하기 위하여 5방위(五方位 ; 前營, 左營, 右營, 後營, 中營)로 진을 벌리고 있는 그림이다. 배의 만듦새를 정확하게 잘 그렸고 의장도 잘 나타냈다. 그림 가운데 정자각을 세운 배(亭子閣船)가 있는데, 귀빈을 실어 나르는 배이다. 그림에서는 한가운데에 통제사가 타는 좌선이 있고 그 아래쪽에 부선과 정자각선이 있다. 정자각선에서 노 젓는 모습을 정확하게 그려넣었기 때문에 이 배의 노 젓는 모습을 통해 거북배나 판옥전선에서 조선식 노를 어디에 걸고, 어떻게 저었느냐 하는 의문이 풀어졌다고 할 수 있다.(해군사관학교 박물관 소장, 이원식 사진, 1972)

그림 36. 조선 삼도 수군 조련 전진도 병풍(朝鮮三道 水軍 操鍊戰陣圖)

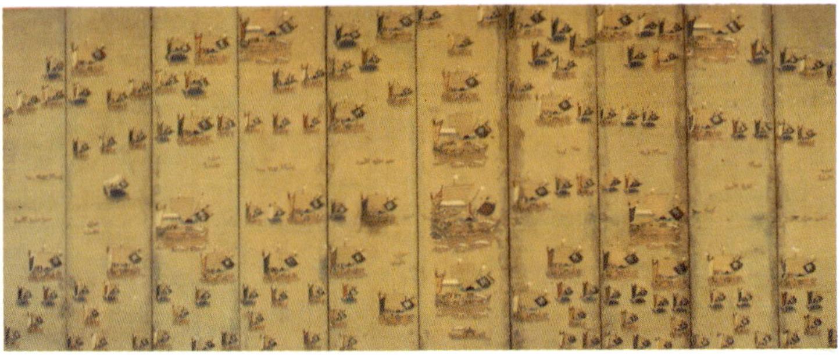

그림 37. 통제영의 상전선(上戰船)

좌선은 조선 수군의 전선 중에서 제일 큰 규모의 배이다. 이 배의 선급(船級;배의 만듦새와 크기를 나타내는 것) 이름은 천자일호좌선(天字一號座船)이다. 1615년에는 배밑의 길이가 14발이었으나 그 뒤 차츰 길어져서 1800년에는 18발까지 늘어났다.

삼판은 7폭을 무으어 올렸고, 이물비우는 곡목을 세로로 대어 막고 그 위에 용 머리 그림(獸面畵)을 그렸다. 이 병풍의 모든 판옥전선의 이물비우에는 용 머리 그림을 그렸다. 평선(平船;1층 것집까지만 되어 있는 배) 위에 판옥상장을 꾸미고 방패에는 꿈틀거리는 용의 그림을 그렸다. 각선도본에 있는 전선의 만듦새와 같다.

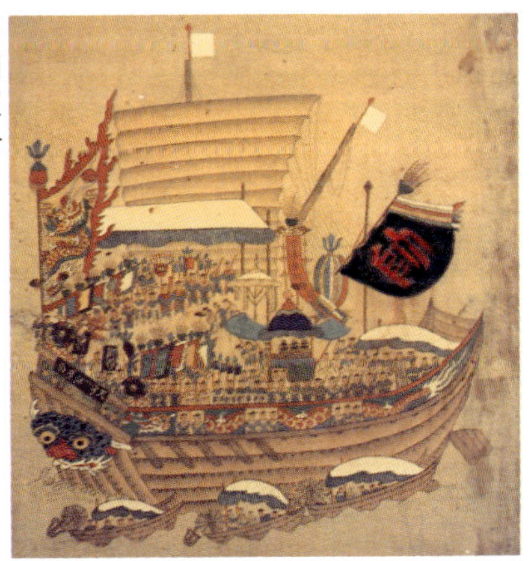

그림 37. 좌선은 조선 수군의 전선 중에서 제일 규모가 큰 배이다. 이 배의 선급(船級) 이름은 천자일호좌선(天字一號座船)이다. 그림 36의 부분이다.

44쪽 그림

판옥 위에는 북을 받쳐 놓았고 많은 깃발을 세웠다. 돛대는 둘이 있는데 이물돛대에만 돛을 달아 올렸다. 배 한가운데 가마 지붕을 씌우고 장막을 친 장대에는 도장을 넣어 두는 함이 3개가 놓여 있다. 앞 이물쪽과 뒷 고물쪽에 청백(靑白) 차일을 쳤다. 배 위에서는 수군들이 통제사가 선청(船廳；배의 마루)에 오르기를 기다리며 머리를 조아리고 있다.

조선식 큰노를 멍에의 뺄목 사이로 5척(隻)만 반쯤 걸어 놓았다. 노를 물에 내리지 않은 것은 닻을 올린 채로 제자리에 머물러 있는 것을 나타낸 것이다. 그러나 키는 물에 내려 배의 방향을 잡고 있다. 방패를 성문 다락의 판문처럼 안으로 들어 올리고, 군졸들은 점호를 기다리고 있다. 좌선의 왼쪽에는 군사들의 음식물을 마련하여 온 거룻배가 줄지어 있다. 판옥전선의 닻은 보이지 않으나 이물 머리의 출입문 안에 닻줄이 보인다. 고물꼬리에도 겻집을 깔았다.

삼도 수군 통제사 휘하에는 충청수영, 전라좌우수영, 경상좌우수영이 있었다.(해군사관학교 박물관 소장, 이원식 사진, 1972)

**그림 38. 전라좌수영 전선(전라 좌수사가 타는 전선)**

이 배는 전라좌수영의 수군 절도사가 타는 판옥전선으로 전진에서는 다섯 영의 앞쪽인 전영(前營)을 맡고 있다. 수군을 조련하는 전진에는 다섯 영이 있다. 각 영마다 그 아래에 다섯 사파총(司把摠；전, 좌, 중, 우, 후)이 편성되어 있고, 또 그 아래에 다섯 초관(哨官；전, 좌, 중, 우, 후)이 딸려 있다.

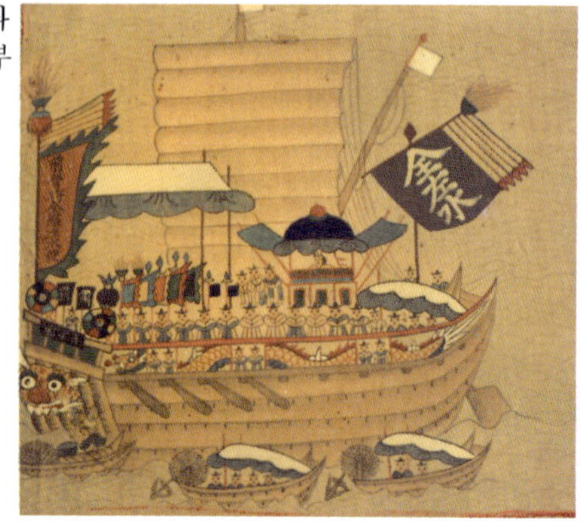

그림 38. 전라좌수영 전선(전라 좌수사가 타는 전선)  그림 36의부분이다.

전라좌수영을 호좌수영(湖左水營)이라고도 부르며, 별칭은 매영
(梅營)이다. 본영(本營)은 지금의 여수시에 있었다. 영장(營將)들이
타는 읍진전선(邑鎭戰船)급인 이 배의 이물머리에는 배의 만듦새와
크기를 나타내는 선급(船級) 이름인 현자선이라는 현판을 달았다.
이 배의 배밑 길이는 13발(把) 정도이고, 배에 타는 군사는 164명
안팎이다. (해군사관학교 박물관 소장, 이원식 사진, 1972)

### 그림 39. 정자각선(亭子閣船)

정자각선의 만듦새는 평선(平船;판옥상장을 하지 않은 배) 위에
정자각을 세웠고, 지붕은 기와로 이은 것 같다. 뱃전에는 방패를
둘렀으며, 정자각 앞쪽에는 4기둥을 세우고 청백 차일을 쳤다.

이물의 양쪽 뱃전에서는 노군(櫓軍)들이 2척의 조선식 큰노를
멍에 뺄목 위에 걸어 젓고 있다. 고물에는 방향을 조정하는 키가
달려 있고, 배 위에는 킷다리를 받쳐 주는 받침대가 있다. 이물비우
는 세로로 대어 막았다. 이물 끝에 거는 멍에를 선멍에 또는 덕판이
라고 한다. 그림에서는 가로로 널판대기 2장을 더 올렸다. 삼판은
5폭으로 무으어 올렸다. (해군사관학교 박물관 소장, 이원식 사진, 1972)

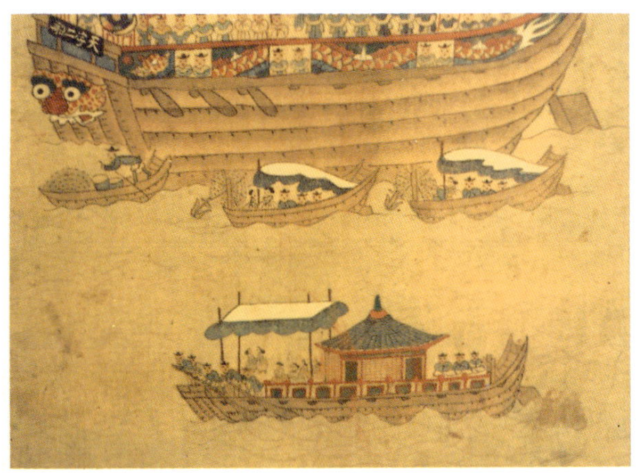

그림 39. 정자각선(亭子閣船)  정
자각선의 만듦새는 평선(판옥
상장을 하지 않은 배) 위에
정자각을 세웠고, 지붕은 기와
로 이은 것 같다. 그림 36의 부
분이다.

이 배는 직접 싸움을 하는 배가 아니고 통제사나 귀한 손님을 실어 나르는 배이다. 배 위에는 겻집을 깔았으며 차일 밑에는 기생들이 대령하고 있다. 또 고물머리에는 선미판(포판)이 배꼬리까지 깔려 있다. 이 병풍에 그려진 모든 싸움배들에서는 노 젓는 모습을 볼 수 없었으나, 정자각선을 통해서 싸움배에서 노 젓는 법을 엿볼 수 있다. 옛 문헌 가운데는 노 젓는 방법에 대한 기록은 있었으나, 노 젓는 모습에 대한 그림은 찾아볼 수 없었다.(해군사관학교 박물관 소장, 이원식 사진, 1972)

### 그림 40. 통제영 거북배

이 배는 통제영 본영에 소속되어 있는 거북배로 각 수영에 소속되어 있는 거북배보다는 그 크기가 크다. 거북등에는 가마지붕을 씌우고 장막을 친 장대가 있고, 깃대에는 거북 귀자기(龜字旗)를 매달았다. 이 거북배는 평선의 신방 위에서 바로 거북 잔등판을 둥글게 씌웠다. 이물비우는 가로다지로 대어 박았다. 뱃전의 멍에 뺄목 사이로 조선식 큰노를 4척만 걸었다.

거북배에는 돛대(이물돛대와 한판돛대)가 2개 있는데 그림에는 그려넣지 않았다. 신귀(神龜)의 입에서 연기를 뿜어 내고 있다.

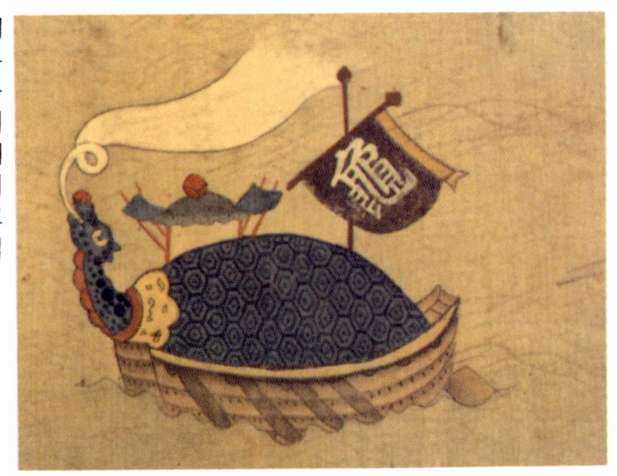

그림 40. 통제영 거북배
이 배는 통제영 본영에 소속되어 있는 거북배로 각 수영에 소속되어 있는 거북배보다 그 크기가 더 크다.(해군 사관학교 박물관 소장, 이원식 사진, 1972)

## 그림 41. 발포진(鉢浦鎭)의 거북배

이 배는 전라좌수영에 소속되어 있는 발포진(鉢浦鎭)의 거북배이
다. 크기는 통영 거북배보다 작고, 만듦새는 통영 거북배와 꼭 같게
그려져 있다. 돛대가 2대 있는데 이물대에만 돛을 달아 올렸다.

전라좌수영에는 방답진(防踏鎭), 여도진(呂島鎭), 사도진(蛇島
鎭), 발포진(鉢浦鎭), 녹도진(鹿島鎭)의 5진포와 순천부(順天府),
광양현(光陽縣), 낙안군(樂安郡), 보성군(寶城郡), 흥양현(興陽縣)
등의 5관읍이 소속되어 있었다. 발포진에는 수군만호(水軍萬戶)가
있는데 1580~1581년에 이순신장군이 이곳의 수군만호로 있었다.

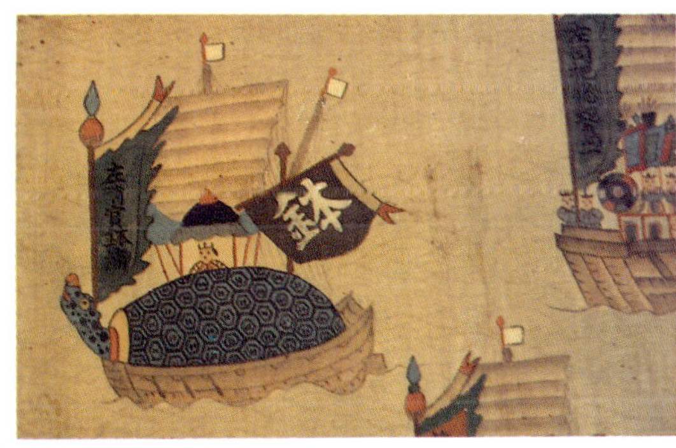

그림 41. 발포진(鉢浦
鎭)의 거북배

1592년 임진왜란 초기에는 이순신 좌수사가 만든 영거북배, 순천
거북배, 방답거북배 등 3척이 있었으나 정유재란 때에는 1593년에
더 만든 거북배를 포함하여 5척이 있었다.

이물비우를 가로다지 널판대기로 대어 막은 것이 다른 병풍이나
「이충무공 전서」에 나오는 거북배의 세로모양 이물의 그림과 다르
다. 임진년 때의 거북배의 만듦새를 그대로 그린 것 같다.(해군사관학
교 박물관 소장, 이원식 사진, 1972)

이 배는 전선 다음으로 큰 싸움배인 방선(防船)이다. 방선은 평선의 뱃전 밖에 신방을 걸고 그 위에 방패만을 세운 배로 배의 만듦새는 전선의 몸체와 같다. 이 배는 우탐선(右探船)이라는 깃발을 달았고 '탐'이라 쓴 깃발을 깃대에 올렸다. 탐선을 탐망선이라고도 하는데 적군의 정황을 살피는 배이다.

이 배보다는 좀 작은 것으로 사후선이라는 것이 있는데 본진에서 멀리 바다로 나아가 적군의 동정을 살피는 배이다. 급한 일이 있을 때에는 신기전(神機箭)을 쏘아 올려서 적의 정황를 알린다.(해군사관학교 박물관, 소장, 이원식 사진, 1972)

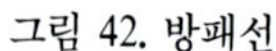

그림 42. 방패선

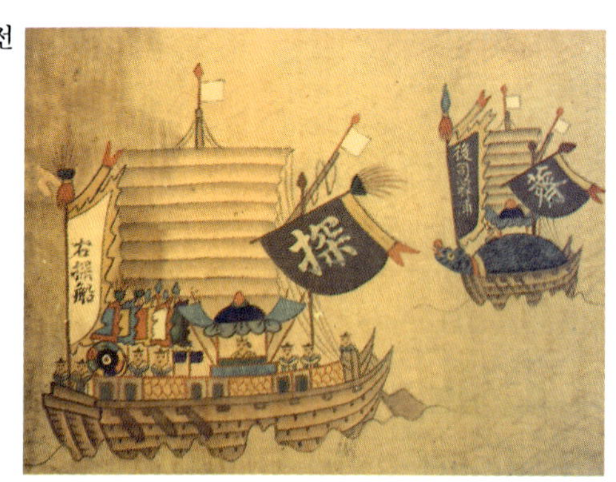

## 그림 43. 돛단 짐배

71쪽 위 그림

싸움배 외에도 군수품과 화약, 병기들을 실어 나르는 배가 있다. 이 배들은 전진에는 들지 못하지만 보조선으로 점호에 참가하고 있다. 돛단배라는 것은 어떤 종류의 배를 말하는 것이 아니고, 배에 돛을 달아맨 배를 보고 통틀어서 일컫는 말이다. 임진왜란 때 고깃

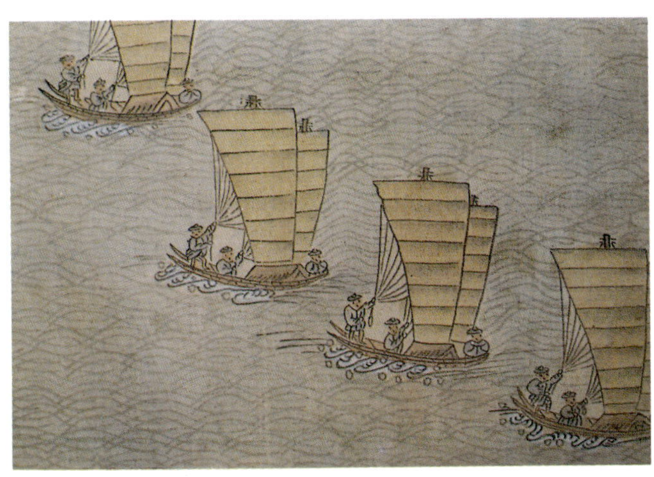



그림 43. 돛단 짐배

배도 이순신 함대에 참가하여 전공을 세웠다. 전쟁 연습 때에는 가상 적군의 배를 가왜선(假倭船)이라고 하여 돛단배를 대신 쓰기도 하였다.(현충사 유물관 소장, 이원식 사진, 1972)

**그림 44. 거룻배(艍舠船) 또는 거루**

거룻배는 어미배(母船)에 딸린 새끼배(子船)인 경우도 있지만, 바닷배나 강배를 가릴 것 없이 물건이나 사람을 배와 배, 뭍과 배 사이로 실어 나르는 돛을 달지 않은 작은 배를 말한다. 그림의 거루 는 물항아리를 싣고 물을 길어 나르고 있다. 이런 역할을 하는 배를

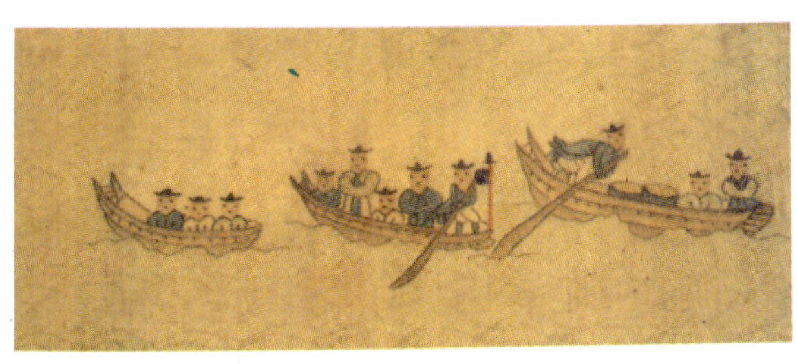

그림 44. 거룻배 또는 거루

급수선(汲水船)이라고 한다.

싸움배는 한 달치의 군량을 항상 싣고 다니도록 되어 있다. 배의 한판멍에 바로 뒤편에 밥을 짓는 투석간이 있는데 이곳에 물독을 들여 놓고 물을 담아 둔다. 반찬거리도 저장하고 솥에 불을 지펴 밥도 짓는다. 그러나 물은 많이 싣고 다니지 않기 때문에 연안의 뭍에서 길어다 먹게 된다. (해군사관학교 소장, 이원식 사진 1972)

그림 45. 천년 묵은 거북(神龜, 靈龜)

옛날 전설에 거북이가 천 년을 살면 변하여 용, 곧 신귀가 된다는 전설(龜變化神龜)이 있다.

그림 45. 천년 묵은 거북(神龜, 靈龜)

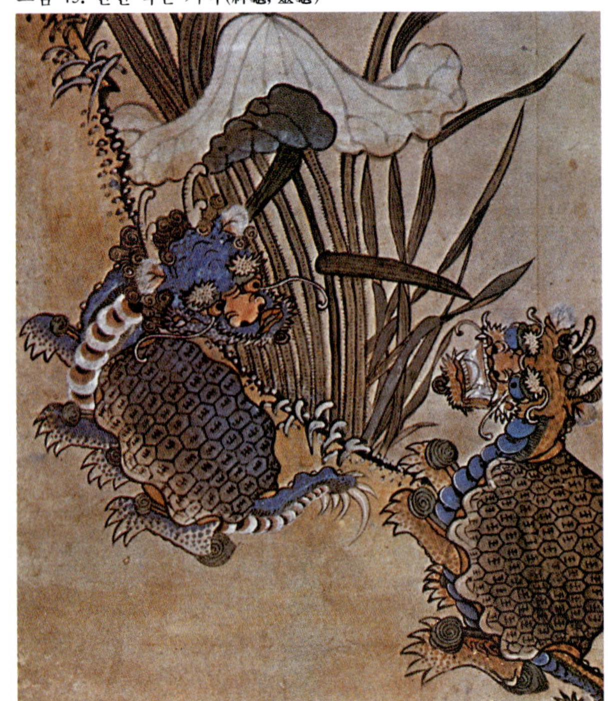

임진왜란 중에 이순신 장군이 임금에게 올린 장계인 「당포파왜병장」(唐浦破倭兵狀, 1592년 6월 14일)에 다음과 같은 글이 있다.

신이 일찍이 섬오랑캐의 변란을 염려하여 전선과는 다른 거북배를 만들었습니다. 이물에는 용의 머리를 달고, 그 아구리로는 대포를 쏘았습니다(臣嘗慮島夷之變 別制龜船 前設龍頭 以口放砲).

용의 아구리에서 입을 벌려 현자대포의 쇠알을 쏘았습니다(以龍口 仰口放砲玄字鐵丸).

거북처럼 생긴 배에 거북의 머리를 달지 않고 용의 머리를 단 사실에 의아해하지 않은 사람은 없을 것이다. 그에 대한 답변은 이 신귀의 민화가 잘 설명하여 주고 있다.
「민학」 제1집 '귀선도(龜船圖)'에서 조자용 씨는 다음과 같이 말하고 있다.

신귀는 사신(四神)과 사령(四靈)에서 한자리를 차지함으로써 벽사(辟邪), 길상의 상징이 되었고 용왕의 사자로서도 큰 임무를 맡았고, 십장생의 하나로서 만년 장수의 상징이 되어 있다.

거북배에 용머리를 다는 것은 신귀의 사상에서 비롯되었다고 볼 수 있다. 그러므로 용머리를 단 거북배는 거북용배(神龜船, 靈龜船)라고 하는 것이 옳을 것이다. 신선이 된 고승 대덕(高僧大德)의 비석을 받치고 있는 거북은 용머리를 단 신귀의 모습이다.(「민학」 제Ⅰ집, 민학회, 1972)

# 회화 속의 한선

조선시대의 회화 속에서 우리나라 전통 한선의 모습을 찾아볼 수 있다. 아무리 그림을 잘 그렸다고 하더라도 우리의 산, 우리의 강, 우리의 배가 아니면 그 그림의 가치는 없는 것이라 생각하므로 정형산수나 화보(畵譜)에 의한 그림들은 여기서는 모두 빼버렸다.

특히 기록화나 기념물 조각의 경우, 아무리 유명한 화가나 조각가의 것일지라도, 우리의 것을 묘사한다고 한 것이 고증이나 사실 판단의 착오로 중국이나 일본의 것을 또는 엉뚱한 것을 그려넣었다면 그것은 천년을 두고 조소거리가 될 것이다. 따라서 우리의 것을 바로 알고 바로 그려넣는 정신이 요구된다.

배의 유물은 남아 있는 것이 별로 없지만 조선 회화 속에서 당시에 떠다니던 배의 모습과 배의 문화를 엿볼 수 있다.

**그림 46. 평양 대동강의 관선(官船)**

이 그림은 1742년에 홍계희가 평양 관사(北道監賑御史)가 되어 배를 타고 평양에 당도하는 모습을 1770년에 김홍도가 그린 것이다. 앞쪽의 배는 판옥상장을 하지 않은 평선의 보판(鋪板;겻집, 너장) 위에 정자각을 세운 정자각선이다. 이 배의 특징은 다음과 같다.

첫째, 조선식 큰노를 이물의 양쪽 뱃전에 걸고서 노군(櫓軍, 格軍) 2명이 함께 젓고 있는 모습이다. 이것은 거북배의 노 젓는 모습을 연상하게 하여 준다. 거북배와 같은 큰 전함에서는 한쪽 뱃전에 조선식 큰노 8척씩을 걸고서 노 1척(隻)에 대장을 포함해서 5명이 한패가 되어 저었다.

둘째, 삼판을 무으어 올릴 때 때려 박은 피새가 큼직하게 보인다.

셋째, 돛의 모양과 그 부속들을 잘 나타내고 있다.

넷째, 보판은 가로 널로 깔았다.(뒤편의 배도 또한 같다)

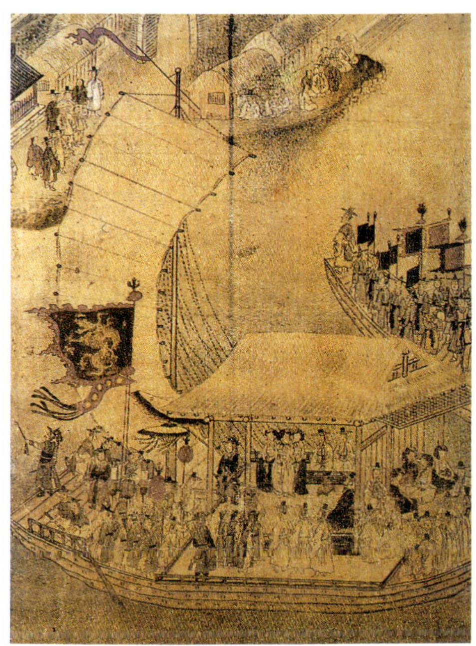

그림 46. 평양 대동강의 관선(官船)

다섯째, 정자각은 뜸으로 지붕을 이었다.

송나라의 서긍이 쓴 「고려도경」에 관선의 만듦새를 다음과 같이 설명하고 있다. "뱃집의 위는 뜸으로 지붕(덮개)을 이었다. 그 아래에는 문짝과 창문을 달았다."(1770년 김홍도 그림, 「한국미술」, 최순우, 도산문화사)

### 그림 47. 평양 대동강의 관선

관선의 가운데에다 정자각을 세우고 뜸으로 지붕을 이었다. 정자각 안에는 평양 감사가 도장 넣는 함을 옆에 놓고 앉아 있다. 이물의 좌우 뱃전에서 조선식 큰노를 사공 2명이 한패가 되어 젓고 있고,

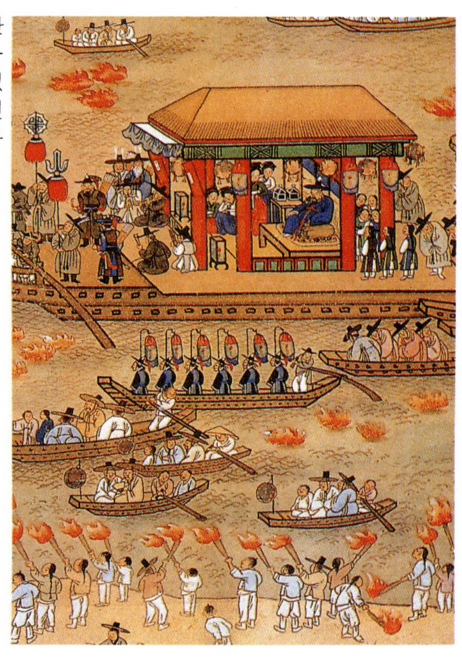

그림 47. 평양 대동강의 관선  관선의 가운데에다 정자각을 세우고 뜸으로 지붕을 이었다. 이물의 좌우 뱃전에서 조선식 큰노를 사공 2명이 한패가 되어 젓고 있다.

고물에서는 사공 3명이 한패가 되어 조선식 큰노를 젓고 있다.

관선 좌우에는 청사초롱을 밝힌 호위하는 배가 있고 수많은 배들이 주위에 있다. 강물 위 여기저기에는 불을 밝히었고 강가에는 봉화를 들고 있는 아이들이 주위를 밝히고 있다. 관선의 이물칸에는 호위하는 군관과 나졸이 있고 악사들이 풍악을 울리고 있다. 정자각 안에는 기생(官妓)들이 대령하고 있다. 대동강에 떠다니는 강배들의 모습을 알아볼 수 있는 그림이다. (傳 김홍도 그림)

**그림 48. 평양 대동강의 강배**

황해 포구에서 짐을 싣고 대동강을 거슬러 올라가는 돛단 짐배와 나룻배가 보인다. 강의 한복판은 강물의 흐름이 빠르기 때문에 능라도 강기슭으로 배를 몰아 올라가고 있다. 바람이 적게 불기 때문에

뱃길을 바로 잡기 위해서 돛단 짐배를 2명이 앞에서 밧줄로 끌어당
기고 있다. 돛을 달지 않은 나룻배는 3명이 삿대질을 하면서 배를
밀고 있고 고물에서는 조선식 큰노를 젓고 있다. (傳 김홍도 그림)

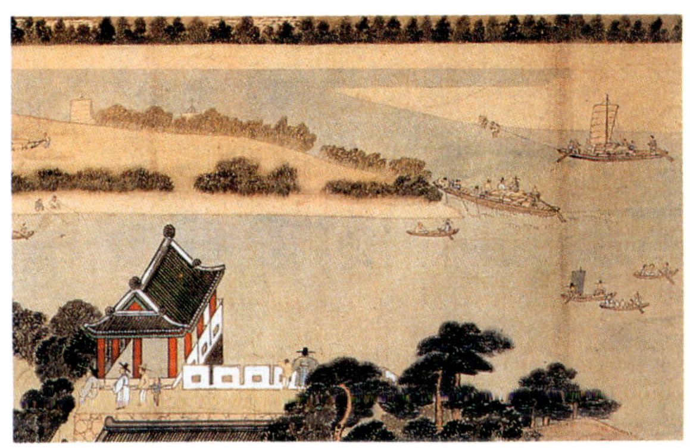

그림 48. 평양 대
동강의 강배

### 그림 49. 나룻배(津渡船)

　나룻배 2척이 사람과 말 그리고 소를 싣고 강을 건너고 있다.
고물에서 2명이 한패가 되어 조선식 큰노를 맞서서 젓고 있다. 뱃전
은 2폭을 겹쳐서 무으어 올렸다. 참나무못인 피새가 큼직하게 잘
나타나 있다. 뱃머리에 널판대기를 가로다지로 대어 붙인 것이 이물
비우이다. 뱃전의 앞과 뒤가 약간 솟아나 있는데 뱃전이 활처럼
생긴 곡선을 현호(舷弧)라고 한다. 나룻배의 만듦새를 사실적으로
잘 나타내고 있다.

78쪽 위 그림

　우리나라 강선의 이물비우는 배밑으로부터 비스듬하게 위로 이어
올려 붙인다. 그것은 배가 행선할 때 받는 물의 저항을 줄이기 위하
여 유선형(流線型)이 되게 한 것이다. 강가에 배가 닿게 되면 이물비
우는 모래밭 위에 미끄러지면서 올라 앉게 된다.

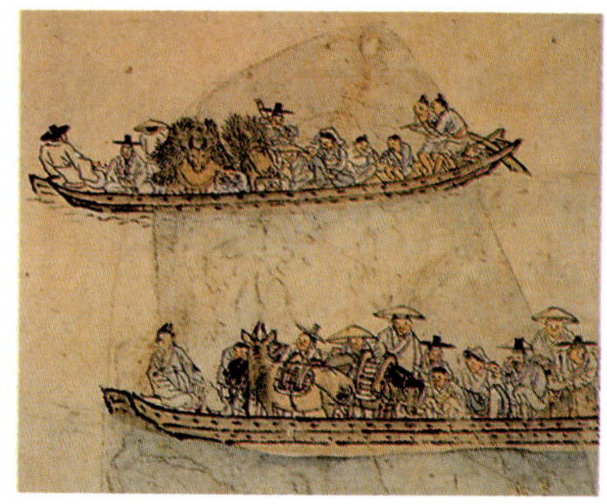

그림 49. 우리나라 강선의 이물비우는 배 밑으로부터 비스듬하게 위로 이어 올려 붙인다. 그것은 배가 행선할 때 받는 물의 저항을 줄이기 위하여 유선형(流線型)이 되게 한 것이다. (김홍도 그림)

## 그림 50. 강배 위의 계모임(船上詩契會)

배 위에서 계모임을 하는 그림으로서는 규모가 가장 큰 것 같다. 길이가 약 10발 정도 되는 관선인 강배이다. 뱃전은 2폭을 이어서 무으었고 뱃머리의 이물비우는 가로다지 널로 대어 박았다. 참나무 못이 큼직하게 표현되어 있으며 배의 꼬리 2개가 뒤로 솟아올라 있다.

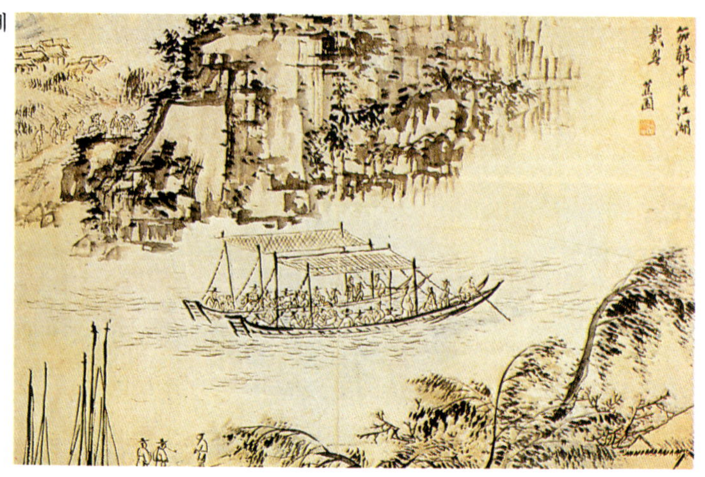

그림 50. 강배 위의 계 모임(船上詩契會)

고물에서 방향을 잡는 큰노와 상앗대로 배를 조종하는 사공이
보인다. 배 안에 4개의 기둥을 세우고 삿자리로 차일을 쳤다. 뒤쪽의
배 안에는 이물칸에 악사들이 앉아 풍악을 울리고 있고, 고물칸에는
군관과 나졸이 앉아 있다. 앞쪽 배 안에서는 선비들이 시를 지어
종이에 써서 들고 읊는 장면이 보인다. 고물칸에서는 군관이 호위하
고 있다.

배들은 강물의 흐름을 따라 천천히 흘러 내려가고 있다. 강상
풍류(江上風流)의 멋있는 장면이다. 한낮에 바람이 멎어 고요한
풍경을 보여 주고 있다. 강가에 대어 있는 배들은 돛을 내렸으나
다음 행선을 하기 위해서 바람을 기다리고 있는 중이다.(김석신 그
림, 국립중앙박물관 소장)

### 그림 51. 강배의 멋

우리나라의 강배를 시원스럽게 그렸다. 뱃선은 2폭으로 겹쳐서
무으어 올렸다. 뱃전을 무으어 올릴 때 아래 뱃전 위에 턱을 따내고
윗삼을 이 턱에 얹어 겹쳐서 놓고 참나무못을 박는데 참나무는 오줌
에 담가 두었던 것을 쓴다고 한다. 뱃전 겉으로 참나무못이 큼직하

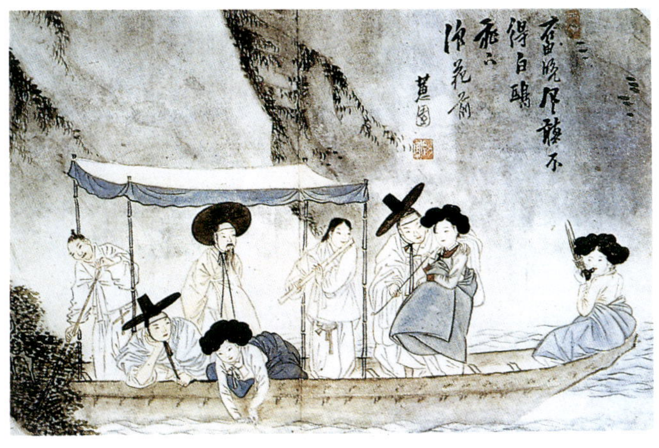


그림 51. 강배의 멋
(신윤복 그림)

게 보인다.

　배밑은 평평하고 이물비우와 고물비우는 다 같이 가로다지 널판대기로 대어 막았다. 이 그림은 풍류를 즐기는 정취가 넘치는 상류계층의 젊은 남녀들을 주제로 한 것이다. 때문에 배는 정확하게 표현이 안 되어 있지만 배에 타고 있는 사람들의 서 있는 모습이 퍽 안정되게 묘사되었는데, 이것은 우리의 한선은 안정성이 좋다는 것을 말해 주고 있는 것이다. 뱃사공이 천천히 그리고 여유 있게 삿대를 젓고 있다.

　지금 우리가 한강에서 볼 수 있는 일본식 강선이나 서양식 보트와는 그 만듦새와 느낌이 다른 전통적 강선이라는 것을 알 수 있게 한다. 대나무 기둥에 받쳐진 청백의 차일은 싸움배나 관선에서 볼 수 있는 것으로 미루어보면 주인공들은 높은 관직의 인물인 것 같다.(18세기, 혜원 신윤복 그림, 「한국미술」, 최순우, 도산문화사)

### 그림 52. 고려선과 닮은 배

　돛대가 하나 달린 바닷배(海船)가 바닷가를 따라 행선하고 있다. 전통적인 한선의 만듦새에다 배 위에 뱃집을 치장했다. 그 안에는 관원이 앉아 있다. 뱃집은 배의 크기에 비하여 과대하게 그려져 있다. 돛대는 뱃집 위를 솟아나와 있다. 이물에는 닻과 닻줄물레가 있고, 고물에는 방향을 조종하는 노와 조선식 큰노를 젓고 있는 사공 2명이 있다. 이 배는 고려시대의 구리 거울에 그려진 고려선(高麗船)과 꼭 닮았다.(이명기 그림, 「한국미술」, 최순우, 도산문화사)

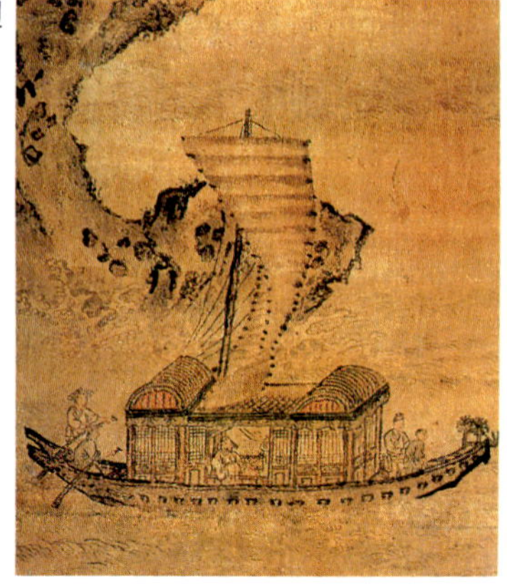

그림 52. 고려선과 닮은 배

29, 30쪽 그림

## 그림 53. 출범도(出帆圖 ; 쌍돛을 단 바닷배)

우리나라의 배의 만듦새를 사실적으로 잘 나타낸 그림이다. 배의 82쪽 그림
길이는 약 10발, 너비는 3발 반, 배의 높이는 2발 정도가 된다. 뱃전
은 7폭을 무으어 올렸다. 윗삼판 밖에서 아랫삼판 안쪽으로 때려 박
은 참나무못이 큼직하게 보인다. 특이한 것은 이물의 이물비우이
다. 민간의 배들은 모두가 가로로 널판대기를 대어 막았는데, 이
배는 세로로 두꺼운 널판대기를 비스듬하게 대어 막았다. 임진왜란
이후의 싸움배에서는 이물비우를 세로로 대어 막았으며, 곧은 판대
기와 굽은 나무의 2가지가 있다. 배의 만듦새나 쓰임새로 보아 관선
인 것 같다.

이 배의 만듦새를 보면 이물머리 끝에 둥그스럼하게 생긴 선멍에
(先駕木)가 있고 그 뒤로 닻을 감아 올리는 닻줄물레가 있다. 겻집은
가로로 깔았다. 뱃전 맨 위에 '활아지'라고 하는 반달처럼 생긴 반쪽
통나무를 덧붙였다. 뱃전 밖으로 빼낸 멍에의 뺄목 위에 동자기둥을
세우고 난간을 만들었다. 2대의 돛대는 겻집 위에서 뉘었다 세웠다
할 수 있게 하였다. 돛은 부들로 짠 자리를 매달았다. 뱃집을 반달같
이 둥글게 만들고 삿자리로 지붕을 이었고 옆으로 들창을 내었다.

고물에서는 돛폭에 맨 아딧줄로 돛을 조종하는 사공, 배의 방향을
잡기 위해서 키를 조종하는 사공, 뱃전 위에 조선식 큰노를 걸고
노를 저으면서 행선을 재촉하는 사공의 모습이 보인다. 앞뒤의 뱃전
이 솟아 있는 것이 아주 자연스럽게 보인다. 이만한 현호를 가진
배라고 하면 그 배의 설계와 만듦새는 썩 훌륭한 것이라고 말할
수 있다.

현호가 많으면 아래와 좌우로 휘어진 뱃전(삼판)의 곡선을 만들
기 위해서 배밑에서부터 꺾임을 주고 휘어잡아가면서 삼판을 무으
어 올려 가게 되는데, 이러한 기술은 현대에 있어서 유선형의 배를
만들기 위한 노력과 같은 것이다. 우리나라의 한선의 만듦새와 쓰임

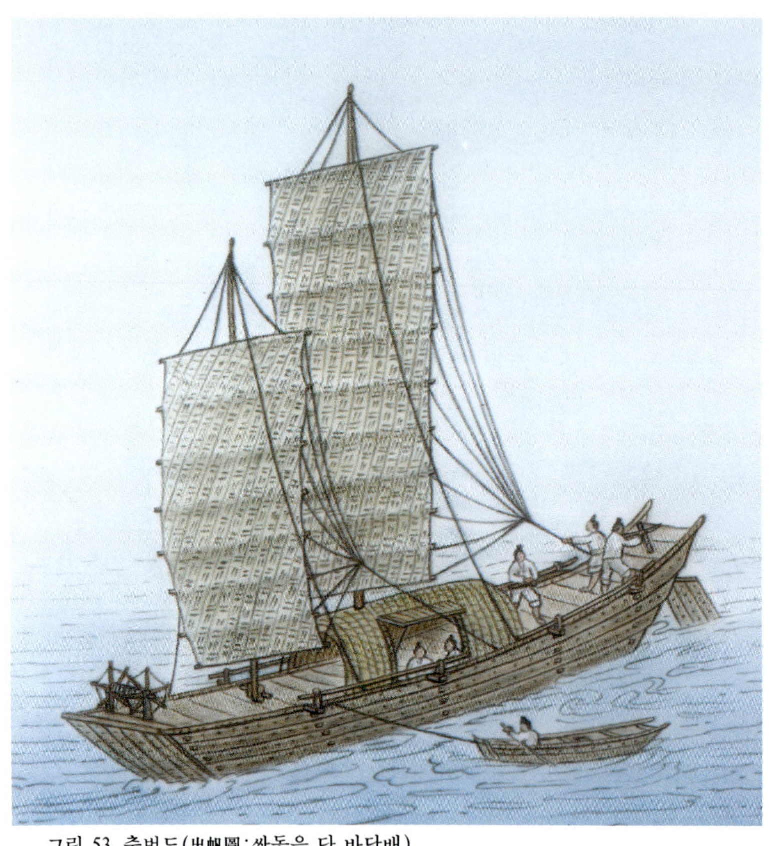

그림 53. 출범도(出帆圖 : 쌍돛을 단 바닷배)

새를 아주 잘 나타낸 그림으로서 조선과 그 기법을 연구하는 데 있어서 둘도 없는 좋은 자료이다.

그림 앞쪽에는 새끼배인 '거루'가 밧줄에 매달려 끌려가고 있다. 이 그림을 그린 관아재 조영석(觀我齋 趙榮祏)은 과학적인 관찰력이 뛰어나고 사물을 사실대로 묘사하는 훌륭한 능력을 지녔던 사람으로 여겨진다.(이 그림은 조영석의 그림을 다시 그린 복제화이다).

(국립중앙박물관 소장, 복제화, 이원식 소장)

## 그림 54. 대장간(冶鐵所)

대장장이가 집게(執械)를 가지고 달군 쇠를 이리저리 돌리면서 벼리고 있고, 메질꾼(打軍) 2명이 번갈아 가며 메질을 하고 있다. 배 만드는 곳(造船場)에도 이러한 대장간이 있다. 주로 배못(船釘)을 벼리는데 한선에 쓰이는 배못은 네모가 져 있고 쓰임새에 따라 길이가 다르다. 못대가리는 4회 구부려서 마름모가 지게 한다. 한식 대문의 둔테에 박는 못의 못대가리와 꼭 같다. 꺾쇠도 쓰인다. 둥근 대가리못, 넓적 대가리못도 쓰인다. 배에도 쇠고리와 배목(排目；못처럼 생겨 자물쇠를 꽂게 된 쇠)을 많이 쓰는데 그 굵기와 크기에 따라 달리 만든다.

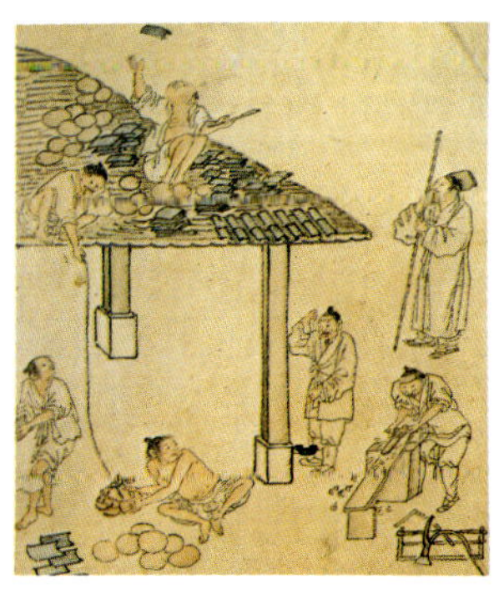
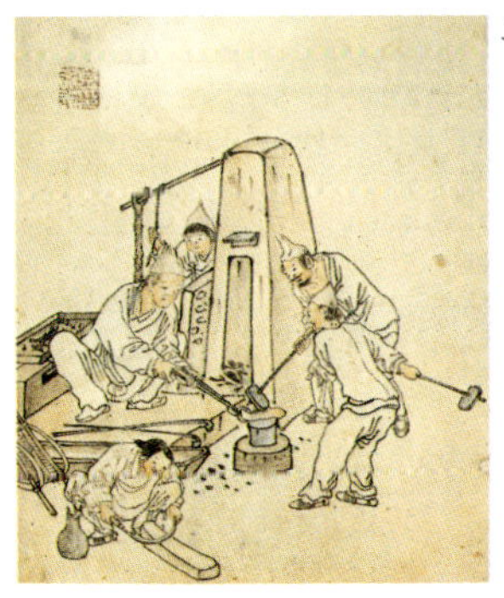

그림 54. 조선시대 건축 장면과 대장간  조선(造船)에 있어서도 왼쪽 그림과 같은 도구를 썼다 오른쪽은 대장간 그림이다.

한옥의 대문이나 분합문에 매단 것과 같은 문고리(鐶)와 각종 거멀장(물건 사이가 벌어지지 않게 대는 쇳조각)이 쓰인다. 배 만드는 연장으로는 먹통(墨桶), 곡자(曲尺), 대패(鉋), 장도리, 피새, 끌, 톱, 자귀(나무를 깎아 내는 것), 송곳, 알기(뱃전의 이음새에 뱃밥을 박는 것), 도끼(나무를 쪼개거나 깎아 내는 것)가 있다.(왼쪽은 김홍도, 오른쪽은 김득신 그림)

그림 55. 한강 위의 배다리(舟橋)

1789년(정조 13)에 정조가 아버지인 장조(莊祖 ; 사도세자)의 능인 수원 융릉(隆陵)을 참배하고자 한강 위에 배다리를 가설하였다. 노량진 나루에다(왕이 거둥할 때에만) 배를 연결하고 그 위에 널판대기를 깔아 만들었던 다리를 말한 「주교절목(舟橋節目)」에 기록된 배다리에 쓰이는 배와 재목, 부속은 아래와 같다.

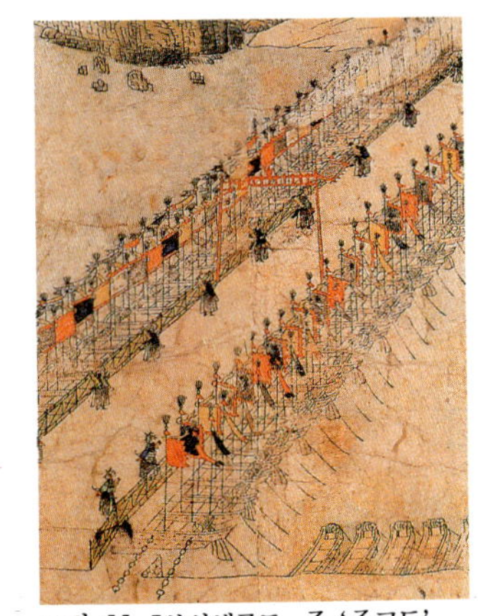

그림 55. 「화성행궁도」 중 '주교도'

띄우는 배(江船) 38척(隻), 배 위에 걸치는 멍에(駕木) 72주(株), 배 위에 걸치는 도리(道里) 175주, 다리 위에 까는 널판(鋪板) 1,039쪽, 난간 기둥(掌株) 170개, 회룡목(回龍木) 108개, 거멀목(蛭木) 70개, 참나무못(木釘) 175개, 크고 작은 쇠못(大小鐵釘) 900개, 좌우에서 호위하는 배(左右護衛船) 12척, 배다리 좌우에 띄우는 배(欄干船) 240척, 홍살문(紅箭門) 3면.

배다리의 사무를 관장하는 관청을 주교사(舟橋司)라 하고, 당상관(堂上官 ; 정3품 상관)을 우두머리로 삼았다. 왕의 거둥이 끝나면 배다리를 해체해서 배는 원래의 용도로 쓴다. 재목과 부속들은 보관해 두었다가 일이 있을 때 다시 쓴다. 배다리에 쓰이는 배는 이물과 고물에 닻줄물레를 달고 이물과 고물에서 다 같이 닻을 강에 내려 배가 움직이지 않도록 한다. 양쪽 강기슭에 띄운 배에는 뱃전 위의 4곳에 쇠사슬을 걸고 그 한끝을 모래밭에 박는다. 배다리 좌우에 난간을 만들고 그 뒤에 각종 깃발을 꽂는다. 배다리 위의 좌우에는 호위하는 군사가 무장을 갖추고 5발 간격으로 늘어선다.

# 근대 한선

## 전통 한선, 바닷배 무으는 곳

근대 한선이라고 하면 대한제국이 일본에 의하여 강제로 합방당한 1910년을 전후하여 우리나라의 강이나 바다에 떠다니던 배를 말한다. 100년 전의 사진을 보면 을사보호조약이 체결된 1905년 이전인 1895년에 이미 일본의 목선이 제주도, 부산, 마산, 인천 등지에 들어와 있었다. 그러므로 100년 전이리 히더라도 그때 우리나라의 강이나 바다에 떠다니던 배는 모두 한선만 있었던 것은 아니다. 일본 목선이 섞여 있었던 것이니 한선의 선형을 주의 깊게 관찰할 필요가 있다고 하겠다. 조선의 멸망과 때를 같이 하여 한선의 맥도 차츰 끊어져 가기 시작했다.

**그림 56. 배 무으는 곳(造船場)**

그림 뒤쪽에 노량진의 한강 철교가 보인다. 배 무으는 곳에 배에 쓸 통나무들을 늘어놓았다. 옆에는 다 만들어진 바닷배가 보인다. 강에서 쓰는 배가 아닌 바닷배도 이곳 노량진에서 만들어 밀물 때를 기다렸다가 물에 띄우게 된다. 옛날에 배를 무으던 곳은 대개 강 언

86쪽 위 그림

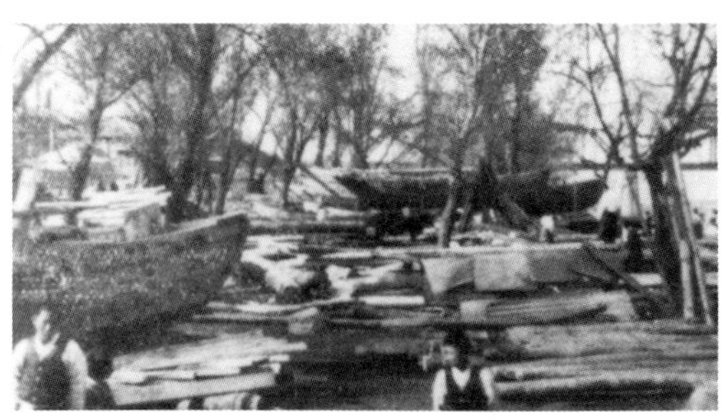

덕이었다. 서울 근처로는 노량진, 밤섬, 서강, 용산 등이 주요한 배
무으는 곳이었다.

그림에 보이는 배는 '야거리'이다. 돛대는 하나를 걸고 길이가
8발 정도 되는 바닷배이다. 뱃머리 곧 이물을 가로 널판대기로 둥그
스럼하게 막아 놓았는데 이것을 이물비우라고 한다. 한선은 평평한
이물비우와 고물비우를 가지고 있는 것이 하나의 특징이다. 강배도
이곳에서 만들어 띄워 보낸다. 주위에는 배에 쓸 구부러진 나무들이
보인다. 배에 쓰이는 나무는 곧은 것도 있으나 구부러진 나무를
더 많이 쓰며, 그 생김새대로 톱으로 켜서 쓴다. (「백년전의 한국」, 김
원모·정성길)(위)



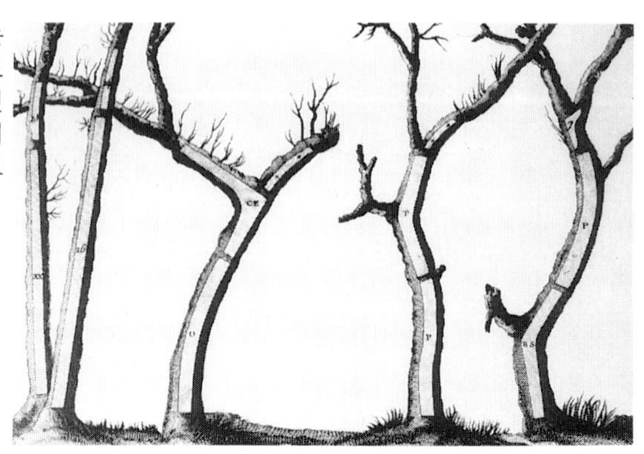

## 그림 58. 삼판 이어 붙이기

피새 구멍은 길이 1자가 되는 통쇠로 된 피새끌과 나무메를 써서
파낸다. 윗삼에서는 바깥쪽에서 비스듬히 아래로 내려가면서 한번
꺾어서 삼판 가운데로 뚫어 낸다. 아랫삼에서는 안쪽에서 비스듬히
위로 올라가면서 한번 꺾어서 삼판 가운데 곧 윗삼 구멍과 만나도록
뚫어 낸다.

피새는 윗삼 밖에서 나무메로 때려 박아 아랫삼 피새 구멍을 꿰뚫
어 박는다. 안으로 빠져 나온 피새 끝은 쌍갈림 쐐기로 마감하여
꼼짝 못하게 한다. 그림에는 윗삼에서 때려 박은 피새가 아랫삼
안쪽으로 튀어나온 것이 보인다. 한선에 있어서 삼판의 쪽수는 야거
리는 5장을, 당도리는 7장을 무어 올린다. (*The Korean Boats & Ships*)

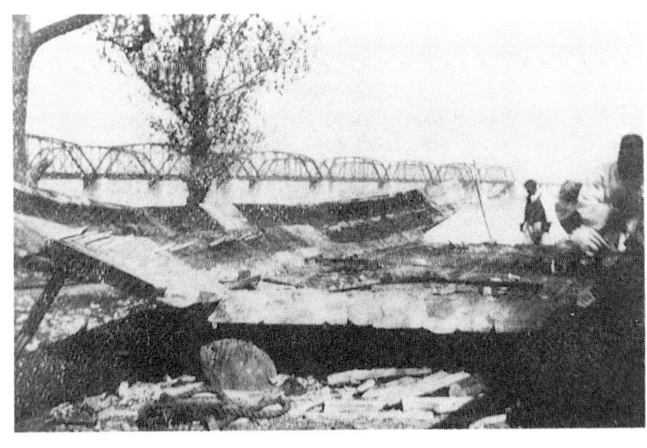

그림 58. 삼판 이어 붙
　이기

## 그림 59. 피새 구멍 파기

배밑 위에 첫째 삼판인 부자리를 이어 붙이고 나면 곧 이어서
둘째 삼판을 이어 붙이게 된다. 지금 아랫삼의 윗면에다 윗삼을
얹어 이어 붙이기 위해서 턱을 따내고 피새 구멍을 파내고 있는

88쪽 위 그림

배목수(船匠;耳匠)가 보인다. 턱 따내기는 윗면에서부터 삼의 두께 의 1/3 만큼 내려가고 밖에서부터 2/3 만큼 따낸다. (*The Korean Boats & Ships*)

그림 59. 피새 구멍파기

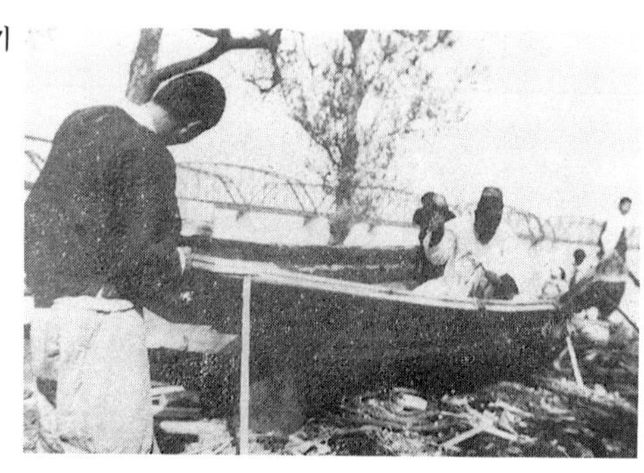

그림 60. 바가지 같이 생긴 삼판

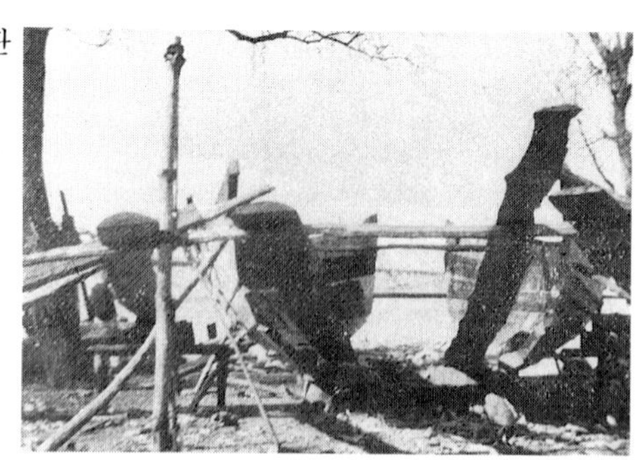

## 그림 60. 바가지 같이 생긴 삼판

배밑 위에 삼판을 모두 이어 붙이고(무으고) 나면 그림과 같이 앞(이물)과 뒤(고물)에 텅 비어 있는 공간이 생긴다. 삼을 모두 이어 붙이고(무으고) 난 다음의 삼 한판의 모양은 마치 바가지와 같이 둥글게 생겼다. (*The Korean Boats & Ships*)

그림 61. 귀틀(耳機)짜기와 겻집(鋪板)깔기

멍에 위에 2개의 도리를 걸치는데 돛대를 뉘일 수 있는 공간 곧 골짝을 남긴다. 그리고 도리의 좌우로 귀틀을 짠 다음 그 위에 겻집을 깐다. 삼판 밖으로 빼낸 멍에 위에 신방을 걸고, 그 위에 난간 기둥을 세우고 난간대를 걸어 난간을 만든다.

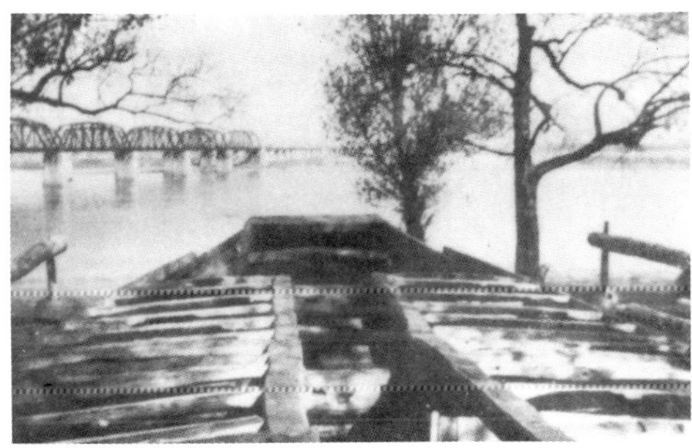



바로 눈앞에 보이는 가로로 댄 것이 한판멍에이다. 네모진 끌구멍 2개가 보이는데 돛대를 세우고 난 뒤에 이 구멍에다 참나무 막대기를 꽂아 돛대를 세우고 빗장을 질러 고정시킨다.

멍에 아래로 멍에보다는 굵기가 가는 통나무 가락이 보인다. 이것을 장쇠 또는 가룡목이라고 하는데 장쇠는 삼판 1장에 1가락씩 삼판을 꿰뚫어 삼판에 건다. 장쇠는 삼판이 벌어지려는 것을 막고 밖으로부터 오는 바닷물의 압력을 지탱하는 역할을 한다. 한판멍에 바로 뒤쪽 칸은 투석간(밥짓는 부엌)이 된다. (*The Korean Boats & Ships*)

# 전통 한선, 바닷배

### 그림 62. 바닷배 야거리(單帆船, 작은배)

우리나라의 전통적인 바닷배이다. 돛대가 하나 달린 ‘야거리’이다. 배의 길이는 4발 반, 배의 너비는 1발 반 정도가 된다. 1발은 양팔을 펴서 벌린 길이를 말한다.(把＝營造尺으로 5尺, 1尺은 31.24 센티미터)

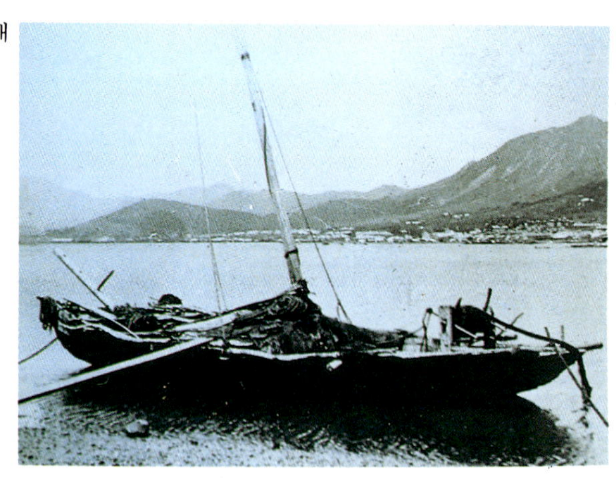

그림 62. 바닷배 야거리

배밑이 평평하기 때문에 한강의 모래밭에 그대로 앉을 수 있다. 닻줄물레에는 굵은 닻줄이 감겨 있으며, 닻은 강가에 내려 걸어 놓고 있다. 뱃머리의 맨 앞에 둥그스름하게 생긴 선멍에가 걸쳐 있다. 닻줄이 벗어나지 않도록 하기 위해서 선멍에 위에다 참나무 2개를 뿔같이 꽂아 놓았다. 돛대는 뒤로 비스듬히 누워 있다. 뱃전 바깥쪽으로 멍에를 빼낸 뺄목이 4개가 보이는데 그 끝에 긴 막대기를 걸쳐 놓았다. 이것은 배의 난간 역할을 한다. 멍에의 뺄목 위에 기둥을 세우고 그 위에 다시 난간대를 걸기도 한다. 전선에서는 멍에의 뺄목 위에 신방을 걸고 그 위에 기둥을 세워 뱃집을 꾸민다.

고물에 비스듬히 꽂혀 있는 것이 키의 킷다리이다. 관선이나 싸움 배는 고물비우에 구멍을 뚫어 키를 꽂지만, 민간의 배는 고물비우의 바깥쪽에 나무로 고리를 만들어 키를 꽂게 되어 있다. 배가 낮은 곳으로 지나가거나 모래밭에 앉게 되면 키는 저절로 뒤로 빠져 올라 가게 된다.

배 안에는 밧줄과 고기 잡는 그물 같은 것이 보인다. 먼 바다, 인천 앞바다 또는 강화도 근처에서 잡은 고기나 새우, 소금 등 해산 어염물을 마포로 실어 올린다. 인천이나 강화로 내려갈 때에는 서울 에서 생활 필수품 등을 구입하여 싣고 내려간다. 바닷배들은 바람이 나 밀물 때를 기다렸다가 강물을 거슬러 올라온다. 「경국대전」에 보 면 바닷배의 치수를 다음과 같이 정해 놓았다.(이원식 소장, 정성길 제공)

도표5. 바닷배의 치수

※ 1자＝0.3124미터

| 구  분 | 길이 | 너비 | 길이와 너비의 비율 |
|---|---|---|---|
| 큰 배(大船) | 42자 | 18자 9치 이상 | 2.22:1 |
| 중간 배(中船) | 33자 6치 | 13자 6치 이상 | 2.47:1 |
| 작은 배(小船) | 18자 9치 | 6자 3치 이상 | 3.0:1 |

1930년경에 실시한 바닷배의 조사 보고서에 의하면 바닷배의 길이:너비(長:廣)의 평균 비율은 3:1이다.

**그림 63. 야거리(중간배)**

그림82와 같은 모양의 '야거리'이다. 배의 길이는 6발, 배의 너비 는 2발 정도가 된다. 이물 맨 앞에 단 돛을 조풍돛이라고 한다. 이물 맨 끝에 나무닻을 매달고 있다. (*The Korean Boats & Ships*, 1930)

92쪽 위 그림

그림 63. 야거리(중간배)

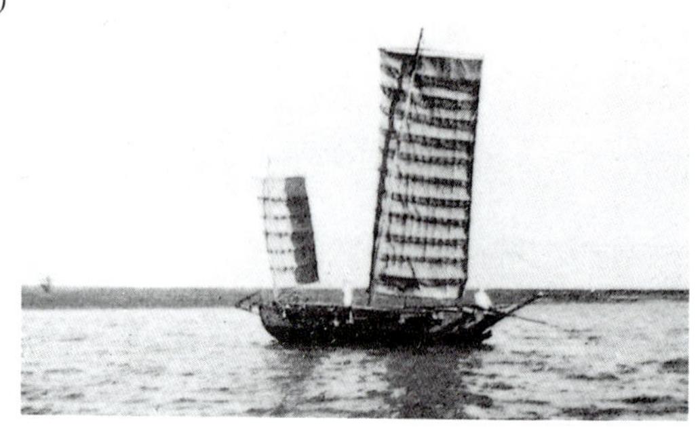

그림 64. 당두리(唐道里船)(한강의 모래밭에 앉아 있는 바닷배)
각 지방의 특산물을 싣고 서울로 올라온 바닷배들이 강가에 닻을
내걸어 머물고 있다. 짐을 내리고 나면 서울에서 구입한 생활 필수
품을 싣고 다시 바다로 내려간다. 밀물을 타고 올라온 배들은 다음
밀물 때까지 짐을 다 실어야 한다. 물이 들어와 배가 뜨면 떠나게
된다. 왼쪽 언덕에 새로 짓는 배들이 보인다. 배를 무으는 곳(造船
場)에서는 바다에서 올라온 바닷배의 수리도 한다.(「백년전의 한국」,
김원모·정성길)

그림 64. 당두리(雙帆
船, 큰배)

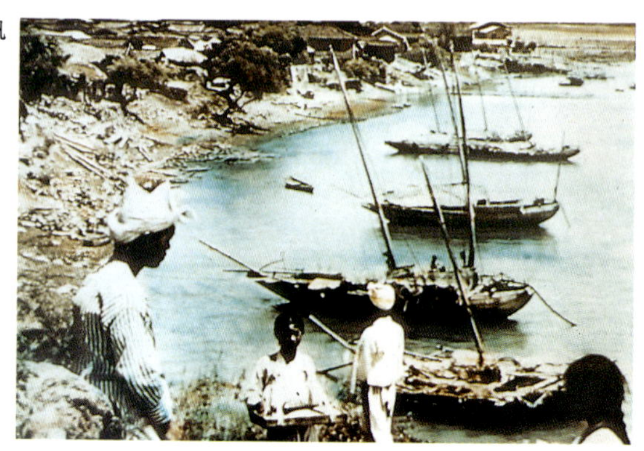

그림 65. 당두리(雙帆船, 큰배)

한선은 배밑이 평평하고 이물비우, 고물비우도 평평하다. 이 배의
고물에 비스듬히 꽂혀 있는 것이 키이다. 이물에는 큰 나무닻을
올려 놓고 있다. 닻 바로 뒤에는 닻줄을 감는 닻줄물레가 있다. 뒤쪽
에 있는 돛대(한판돛대)를 뒤로 비스듬하게 눕힌 것은 돛을 조종하
기 편하게 하고 바람의 압력을 조정하기 위한 것이다. 똑같은 구조
로 된 똑같은 모양의 한선이라도 짐을 싣는 배를 짐배, 장사다니는
배를 장삿배 또는 상고선, 고기잡이 하는 배를 고깃배라고 한다.
(「백년전의 한국」, 김원모·정성길, 1871년 배)

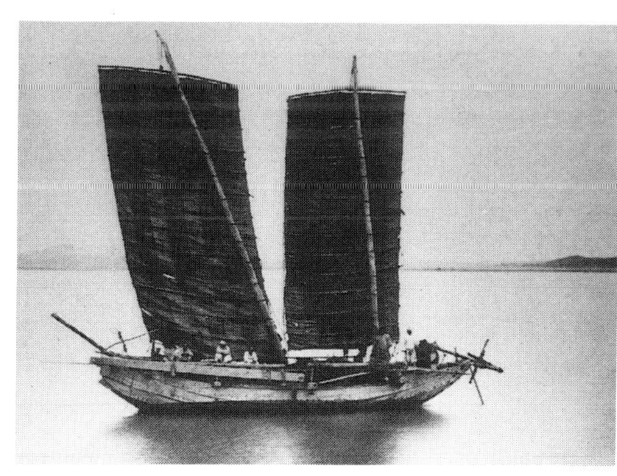

그림 65. 당두리 (雙帆船,
큰배)

그림 66. 당두리(荷物船, 짐배)

쌍돛(두대박이)을 단 '당두리'이다. 배의 길이는 약 10발, 너비는
3발 반, 높이는 1발 반 정도가 된다. 이물에 큰 나무닻을 올려 놓고
있다. 고물에는 뒤에서 앞쪽 밑으로 내려 꽂는 킷다리가 보인다.
돛대의 길이는 배 길이의 1.2배 정도가 된다. (*The Korean Boats & Ships*,
1930)

94쪽 그림

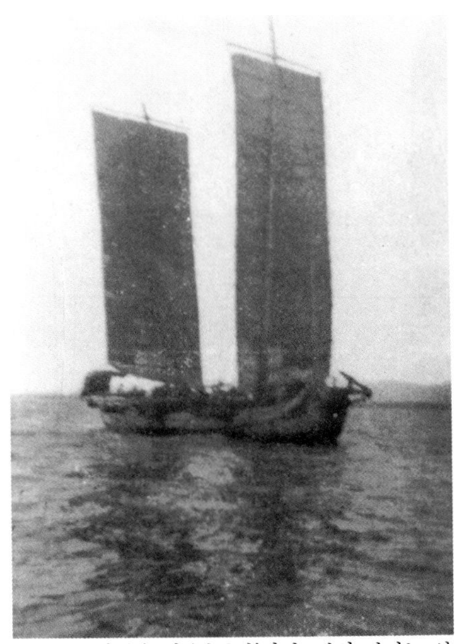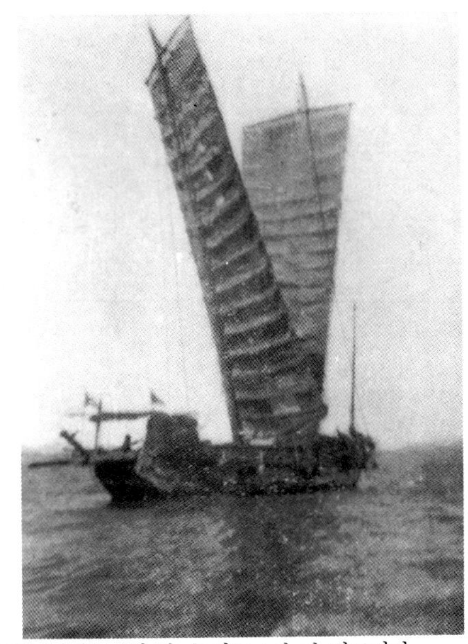

그림 66. 쌍돛을 단 '당두리'이다. 배의 길이는 약 10발, 너비는 3발 반, 높이는 1발 반 정도이다.
93쪽 글

### 그림 67. 강화도의 고기잡이 곳배

95쪽 위 그림

우리나라에 남아 있는 전통적인 바닷배가 일부 개조되어 고깃배로 쓰이고 있다. 이 배는 강화도 어류정(漁遊井) 앞바다에서 새우잡이를 하고 있는 '곳배'이다. 배의 길이는 8발, 너비는 3발, 높이는 1발 반 정도가 된다. 삼판은 7폭을 턱 따서 널판대기를 겹쳐 무으어 올렸고 피새를 박았다. 그림의 오른쪽이 이물이고 왼쪽이 고물이다. 고물 끝에 키의 킷다리가 높이 솟아 있다. 배밑, 이물, 고물, 뱃전의 만듦새는 전통적인 한선과 같다. 배밑은 평평(平底)하다.(이원식 사진, 1965)

95쪽 아래 그림

### 그림 68. 곳배의 고물비우

고물비우는 고물의 배밑에서부터 좌우 삼판 사이의 공간을 가로

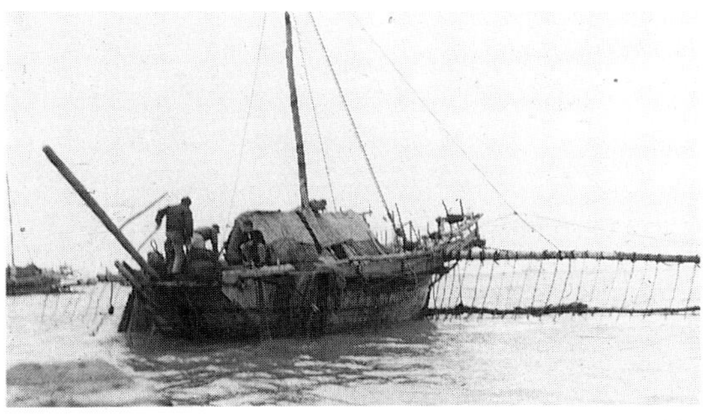

그림 67. 강화도의 고
기잡이 곳배

94쪽 글

다지로 막는데 비스듬히 올라가면서 삼판 모서리에 대어 박는다.
키(舵)는 고물비우의 바깥쪽에 설치하는데 뒤에서 비스듬히 앞쪽
아래로 나무 고리 사이에 꽂는다. 이것이 한선의 독특한 고물의
만듦새이다.(이원식 사진, 1965)

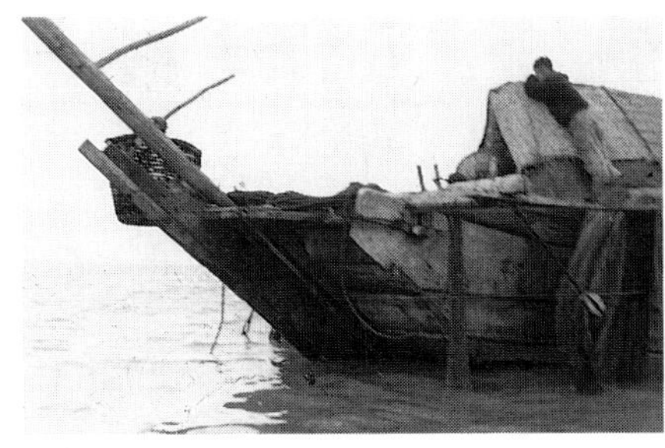

그림 68. 곳배의 고물비우

### 그림 69. 곳배의 이물비우

이물비우는 이물의 배밑에서부터 좌우 삼판 사이의 공간을 가로
로 대어 막는데 동그스름하게 올려가면서 삼판 모서리에 대어 박는
다. 이물비우 안쪽에 2개의 이물비우 장쇠가 보인다. 둥근 통나무를

96쪽 그림

좌우의 삼판을 뚫어서 꿰었는데 끝은 모가 지게 하였고 삼판 밖으로 뿔을 빼냈다. 이것을 장쇠 또는 가룡목이라고 한다. 장쇠뿔과 삼판의 마무리는 쐐기로 하였다. 윗삼판 밖에서 박은 참나무못이 아랫삼판 안쪽으로 빠져 나온 것이 보인다. 참나무못은 위에서 아래로 박히면서 2번 꺾인다. 이것이 한선의 독특한 이물의 만듦새이다.(이원식 사진, 1965)

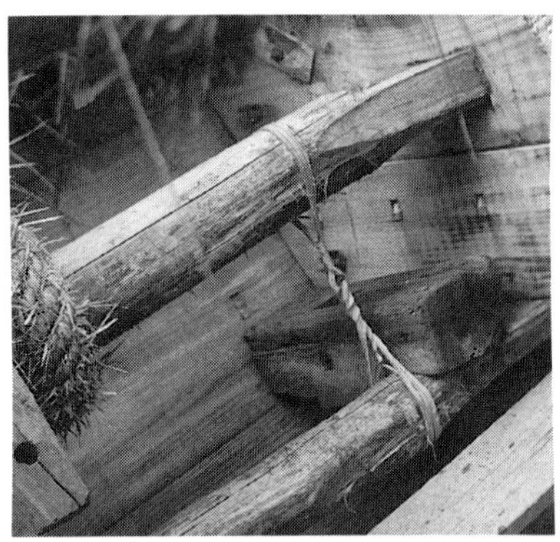

그림 69. 곳배의 이물비우

## 그림 70. 한선을 개조해 만든 고깃배

97쪽 그림

그림의 오른쪽이 이물이고, 왼쪽이 고물이다. 전체적으로 보면 좀 투박하고 미련한 듯한 인상을 주고 있다. 밀물과 썰물 때를 이용하여 새우잡이를 하는 데는 이러한 모양의 배라야 쓸모가 있다.

이물의 앞쪽을 두꺼운 널판자를 가로로 대어 박은 것이 한선식 이물비우이다. 삼판은 턱을 따서 겹쳐 물리는 한선식으로 하지 않고 널판자를 맞대어 붙여서 쇠못을 박았다. 고물비우는 한선식이 아니고 일본식으로 개조되어 있으며, 키도 일본식 것을 매달았다. 배밑은 평평하게 되었지만 변형되어 있다. 배의 중앙 단면의 선형이 한선은 평평한 배밑을 가지는 바가지 모양으로 둥그스름하게 되어야 한다. 그러나 이 배는 평평한 배밑을 가지는 네모꼴 모양으로 되어 있다. 뱃전 위에 멍에를 4군데에다 걸고, 그 위에 겻집을 깔았다. 멍에 아래에 장쇠를 걸지 않고 배 안에서 칸막이로 된 벽으로 대어 막았다.

그림에서 한선식 만듦새를 찾아볼 수 있는 것은, 네모진 통나무로 만든 평평한 배밑과 두꺼운 널판대기로 가로다지로 대어 박은 이물비우, 뱃전 위에 걸어 놓은 멍에와 멍에 뻘목 위에 설치한 난간, 멍에 위에 귀틀을 짜고 그 위에 가로다지 널판자로 깔은 겻집, 닻줄로 감아 올리는 닻줄물레와 닻줄물레틀 등이다.(이원식 사진, 1988)

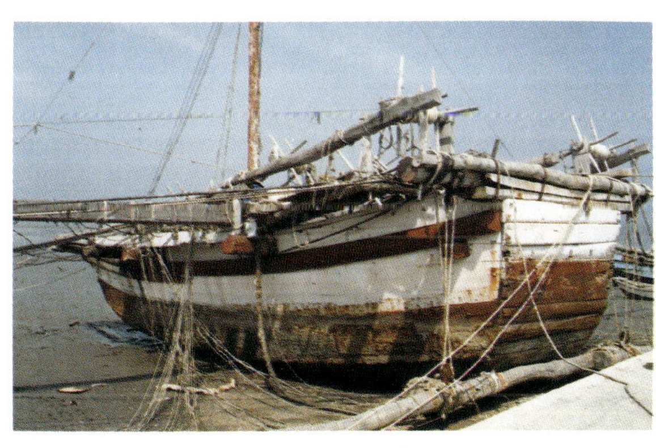

그림 70. 한선을 개조해 만든 고깃배

## 그림 71. 통구민(통구맹이)

통영 지방의 독특한 바닷배이다. 이물비우의 폭을 비교적 좁게 만들어 물의 저항을 줄이려고 노력한 흔적을 찾아볼 수 있다. 옛날의 만듦새가 남아 있는 것은 이물비우와 멍에 그리고 돛과 노뿐이고 나머지는 개량되거나 개조되었다. 고물칸에는 뜸으로 지붕을 덮어 햇빛과 비를 피하고 있다. 지금은 고깃배로 쓰이고 있다.(온양민속 박물관 소장, 1960)

98쪽 그림

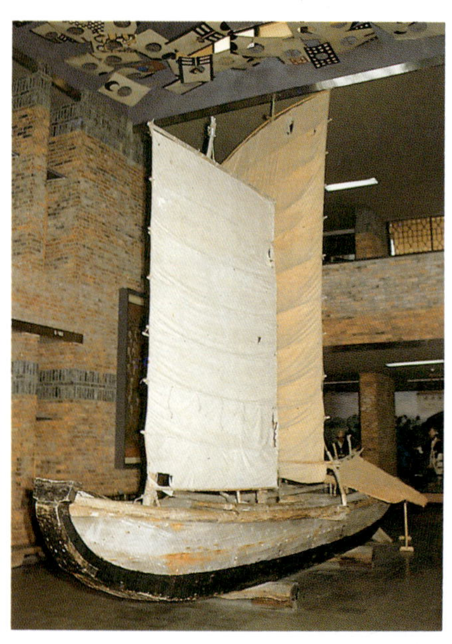

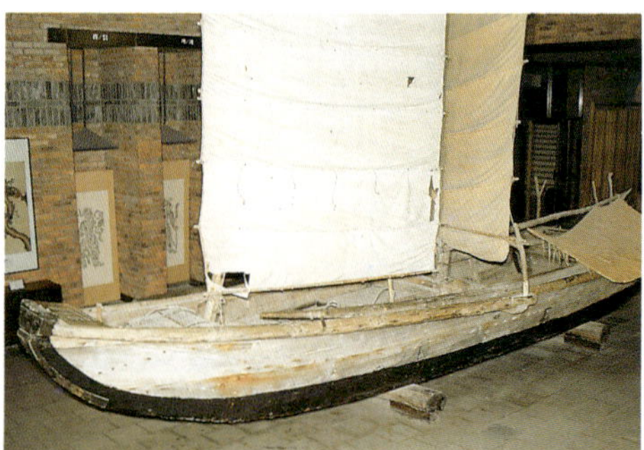

그림 71. 통구민  통영 지방의 독특한 바닷배이다. 옛날의 만듦새가 남아 있는 것은 이물비우와 멍에, 그리고 돛과 노뿐이며, 나머지는 개량되거나 개조되었다(왼쪽, 위, 아래 왼쪽, 오른쪽).

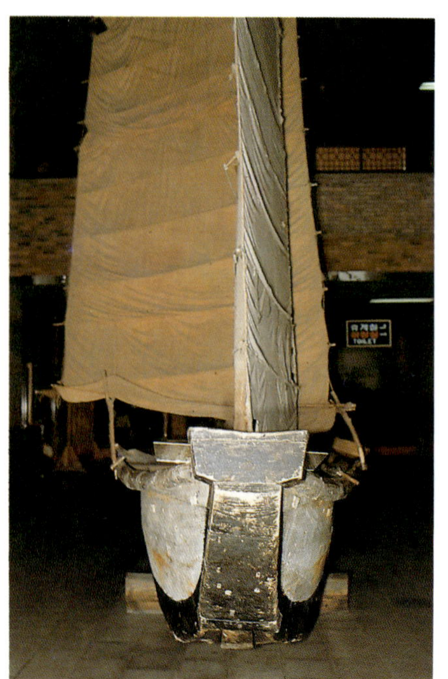

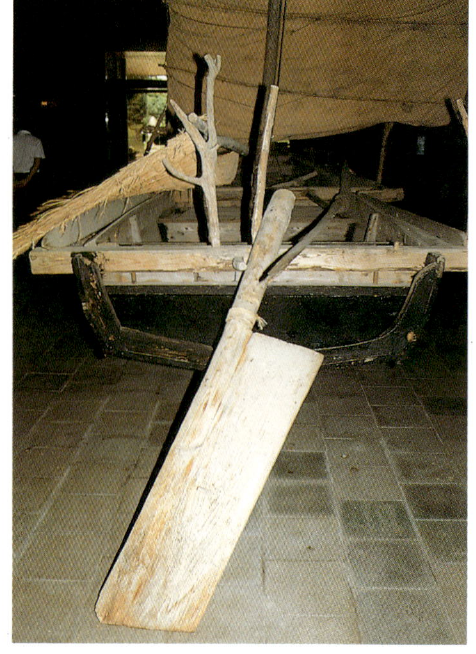

## 그림 72. 큰나무 닻줄을 감는 닻줄물레(椗輪, 繰車)

큰 닻을 감아 올리는 데는 닻줄물레가 쓰인다. 굴대(바퀴의 구멍에 끼우는 쇠나 나무)는 뱃전의 높이와 같은 높이에 건다. 마치 실을 감는 물레의 만듦새와 같다. 물레의 손잡이 가지는 6개로 되어 있어 여럿이 함께 돌려서 닻줄을 감아 닻을 올리게 된다.

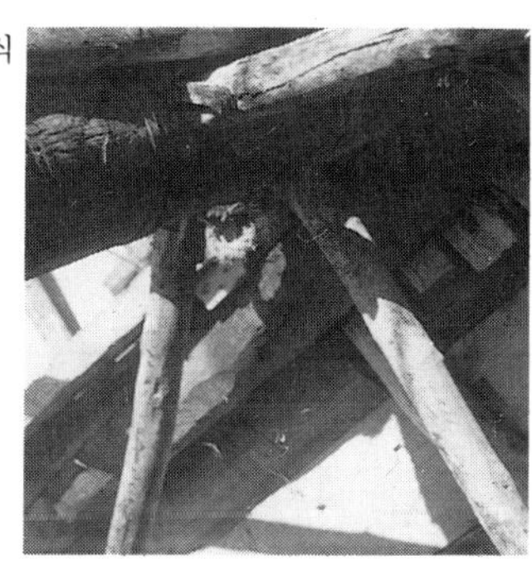

그림 72. 닻줄물레(이원식 사진, 1965)

## 그림 73. 바닷배의 깃발

1930년에 인천 지역에서 배에 올리던 깃발이다. '상(上)'이라는 글자가 씌여 있는 깃발, 임경업 장군을 그린 깃발, 호랑이를 그린 깃발 등이 있다. 이런 깃발은 종교의 벽사(辟邪), 소재(消災), 길상(吉祥) 사상으로 활용되고 있다. (*The Korean Boats & Ships*)

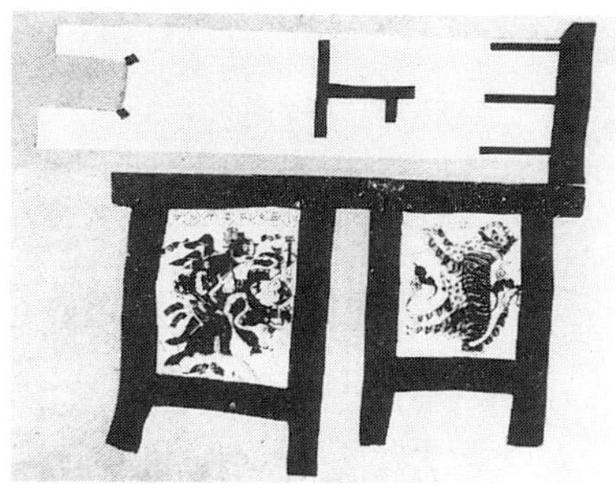

그림 73. 바닷배의 깃발

　서해안에서는 주로 큰 나무닻을 사용한다. 서해안은 넓은 갯벌로 이루어져 있기 때문에 큰 나무닻이라야 갯벌 속으로 깊이 파고 들어가 배를 바다 위에 묶어 둘 수 있다. 또 닻을 올릴 때에도 쉽게 걷어 올릴 수 있는 이점이 있다. 이러한 닻은 싸움배, 거북배, 사견선, 조운선과 민간의 배(짐배, 고깃배)에서도 볼 수 있다. (*The Korean Boats & Ships*)

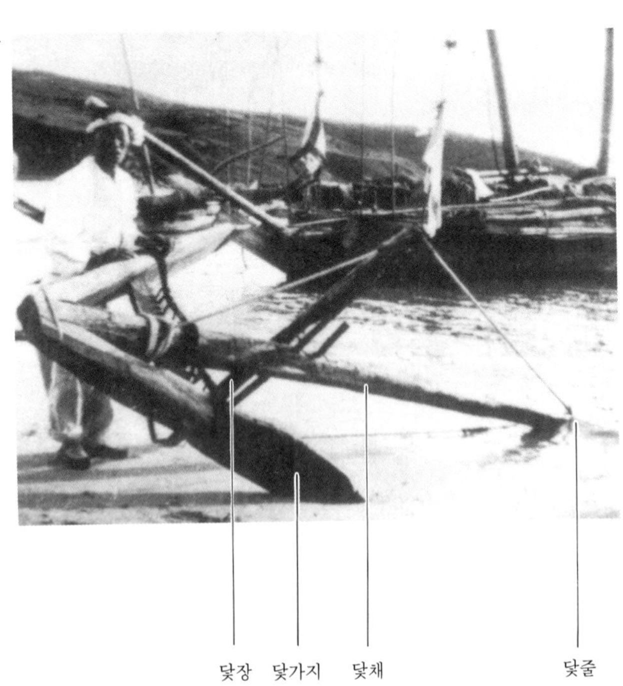



그림 74. 강가(한강) 모래밭에 앉아 있는 바닷배이다.

**그림 75. 동막(東幕;지금의 마포)에 대어 있는 바닷배들**

바닷배들은 인천, 강화 근처에서 밀물 때를 기다렸다가 물이 밀려 들어오면 그 물을 타고 행주를 지나 마포, 노량진으로 올라오게 된다. 밀물 때는 강의 흐름이 급하지 않고, 물의 높이도 늘어나게 되어 깊이도 깊으며, 물결이 자기 때문에 이것을 이용하는 것이다. 배의 꼬리(고물)에서 밑으로 비스듬히 꽂혀 있는 것이 바닷배의 키이다. (「백년전의 한국」, 김원모·정성길)

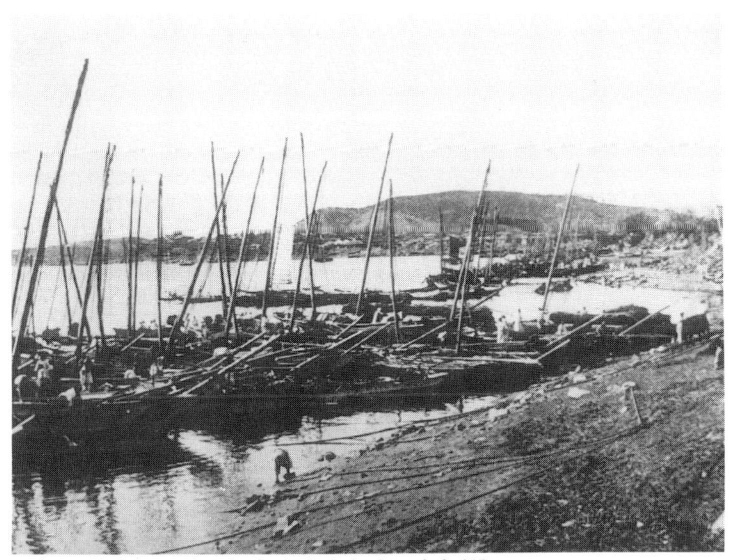

그림 75. 동막(東幕;지금의 마포)에 대어 있는 바닷배들

# 전통 한선, 강배의 만듦새

## 그림 76. 늘배의 고물(舳, 船尾)

북한강과 남한강의 강물이 서로 만나는 두물머리개(깨)의 남한강 물쪽 자갈밭에 얹혀 있는 늘배이다. 배의 길이는 약 9발, 너비는 약 2발, 높이는 한판에서 0.5발이 된다. 뱃전은 턱을 따서 겹쳐 올리지 않고 아래위 판을 맞대어 붙였다. 그것은 쇠못을 박기 위해서 옛 법식대로 하지 않고 편법을 따른 것 같다.

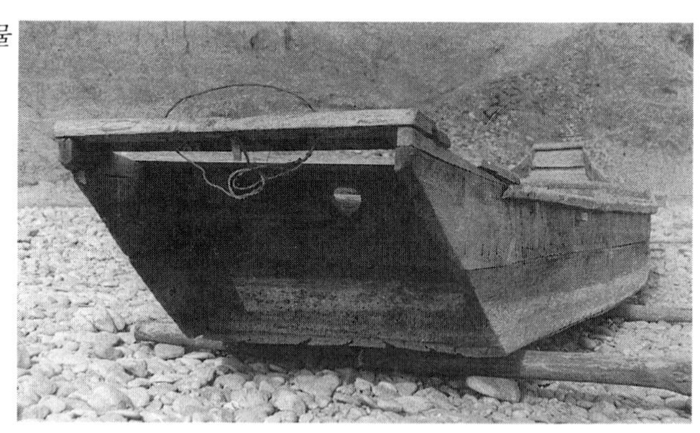

그림 76. 늘배의 고물

고물비우를 양쪽 뱃전의 안으로 대어 박았다. 그리고 배의 방향을 잡아 주는 키구멍(두리구녁)을 고물비우 위쪽에 뚫어 놓았다. 고물비우 뒤쪽으로 뱃전 위에 널판을 깔았는데 이것을 짐판이라고 한다. 짐판 끝에는 노좆을 꽂았다. 돛을 달지 않거나 바람이 없을 때는 이 노좆에 조선식 큰노를 걸고서 노를 저어 행선한다. 배밑은 넓적하고 뱃전은 곧바로 세워졌다. 강배의 나무 쓰임새는 바닷배보다 가볍게 하기 위해서 보다 얇게 썼다. (이원식 사진, 1964)

「경국대전」에 강배의 치수를 다음과 같이 정하여 놓았다.

도표6. 강배의 치수

※ 1자=0.3124미터

| 구 분 | 길이 | 너비 | 길이와 너비의 비율 |
|---|---|---|---|
| 큰 배(大船) | 50자 | 10자 3치 이상 | 4.85:1 |
| 중간 배(中船) | 46자 | 9자 이상 | 5.11:1 |
| 작은 배(大船) | 41자 | 8자 이상 | 5.12:1 |

※1930년경 강배의 길이:너비 평균 비율은 5:1이다.

## 그림 77. 늘배의 고물비우(舳板)

고물비우의 앞쪽에 가로로 멍에를 걸쳐 놓았다. 그리고 키를 꽂는 구멍 바로 앞쪽에 2개의 네모진 장부 구멍을 뚫어 놓았다. 이 구멍에 참나무 막대기뿔 2개를 꽂고, 그 뿔 사이로 킷다리를 꽂아 키를 좌우로 돌리고 상하로 조종한다.

만일 배가 얕은 물가로 가거나 모래밭에 앉게 되면 키는 모래밭에 떠밀리어 자동적으로 위로 들어 올려지게 되면서 킷다리는 앞으로 숙이게 되어 키가 파손되는 것을 막는다. 돛을 달아 올리고 바람을 받아 행선할 때에는 키로 배의 방향을 조종하고 노는 젓지 않는다. 나루터에서 강을 가로질러서 건너가는 나룻배는 돛을 달지 않고 조선식 큰노만을 저어서 건너간다.(이원식 사진, 1964)

그림 77. 늘배의 고물비우

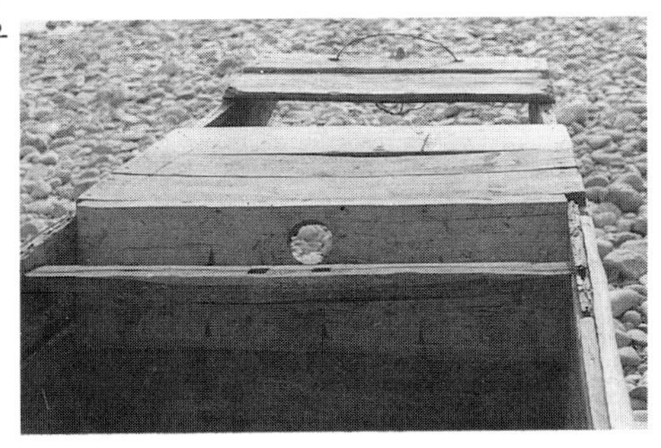

### 그림 78. 키(舵)

그림의 '키폰'(킷다리에 널판대기를 이어 붙인 본판)은 파손된 모습이다. 킷다리를 참나무 막대기뿔 사이로 질러 넣고 킷다리 끝에 손잡이인 참나무를 꽂아 키를 조종한다. (*The Korean Boats & Ships*)

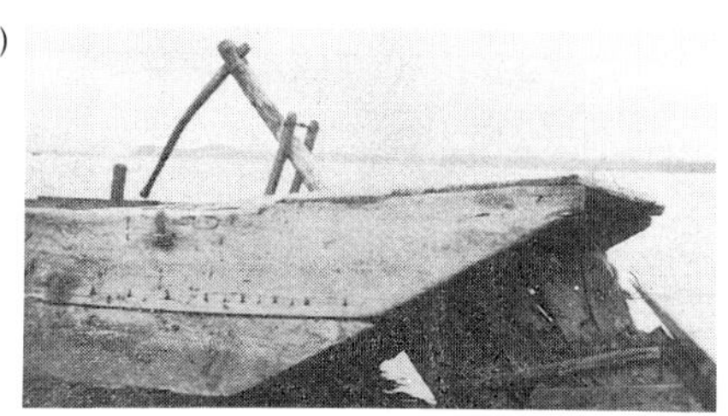

그림 78. 키(舵)

### 그림 79. 늘배의 이물(艫)

이물의 높이는 한판보다 더 높다. 이물비우는 배밑에서 이물머리에 이르기까지 둥그스름하게 유선형이 되게 하였다. 배가 행선할 때에 받는 단면 저항을 되도록 줄이려고 물을 타고 미끄러지듯 나아갈 수 있게 고안하였다.

그림 79. 늘배의 이물(艫)

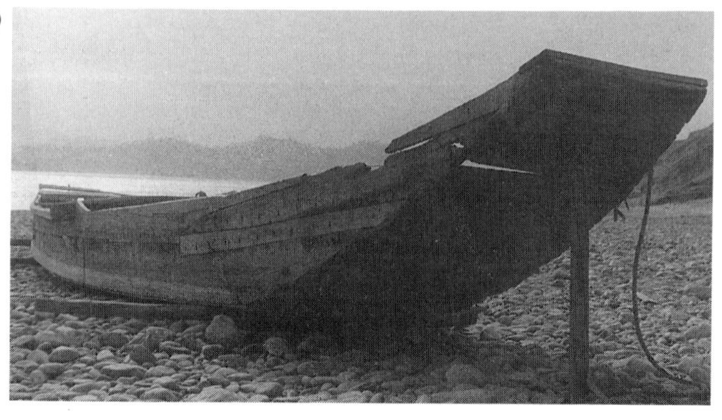

이물비우가 평평한 평판으로 되어 있다고 해서 서양식의 선수재(船首材)나 일본의 미요시(ミヨシ, 水押材) 형식보다 성능이 훨씬 떨어진다고 말할 수는 없다. 한선식 이물비우는 우리나라의 강가나 바닷가의 지형에 알맞은 만듦새로 만들어져 있다. 배가 강가에 닿을 때는 이물비우가 모래밭 위로 미끄러지면서 올라앉게 된다. 그러나 서양식 선수재를 가진 배는 모래밭에 그 끝이 박히게 되어 불안정한 상태로 모래밭에 닿게 된다.(이원식 사진, 1964)

### 그림 80. 늘배의 옆모양

서양선이나 개량 일본선은 앞 머리가 삼각형 모서리와 같이 뾰족하기 때문에 물을 가르고 전진한다. 반면 한선은 이물비우가 넓적하여 물을 밀고 나가면서 전진하게 된다. 그러나 그림에서 보는 것과 같이 이물비우의 옆모양이 비스듬하게 유선형으로 되어 있으므로 물을 밀고 나가는 것이 아니라, 물을 타고 미끄러져 간다고 보는 것이 옳을 것이다.(이원식 사진, 1964)

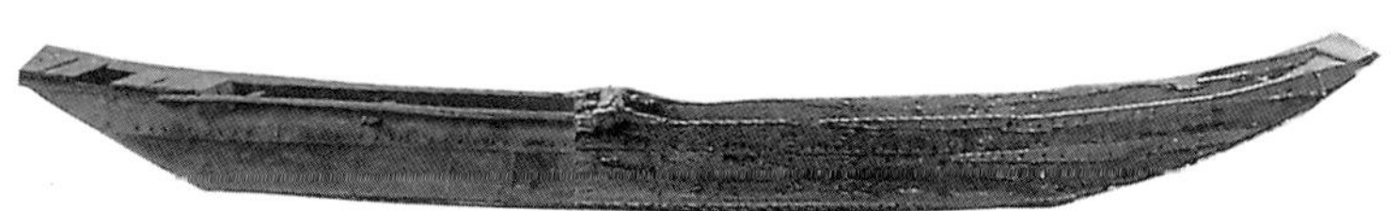

그림 80. 늘배의 옆모양

### 그림 81. 이물장쇠

이물비우를 가로로 대어 박은 다음 이물장쇠(동당쇠) 5개를 가로질러 걸었다. 장쇠는 삼판을 꿰뚫어서 장쇠 끝의 뺄목뿔이 삼판 밖으로 나오게 하고 쐐기로 마감한다. 배밑 바닥에 장쇠가 꿰어져 있는데 이것을 바닥장쇠라고 한다. 배밑이 벌어지려는 것과 퉁겨지는 것을 막기 위한 것이다.(이원식 사진, 1964)

106쪽 위 그림

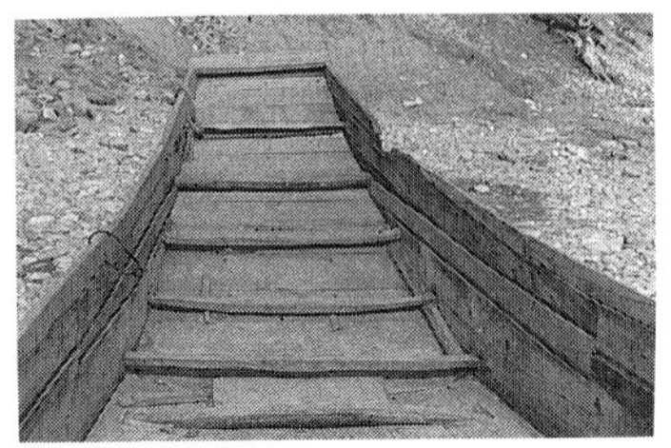

그림 81. 이물장쇠

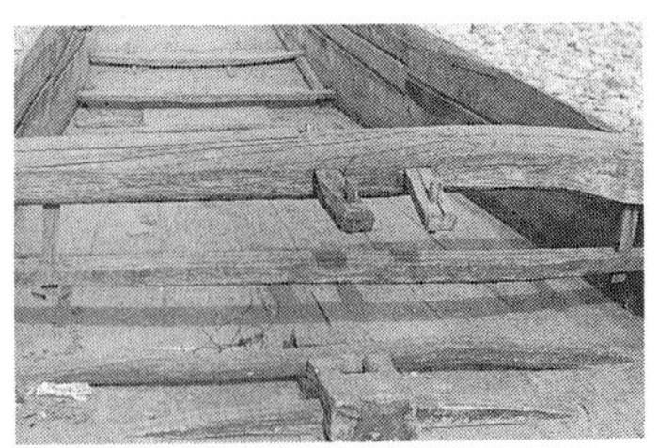

그림 82. 멍에와 대굽

### 그림 82. 멍에와 대굽(檣蹄)

살림집의 등이 굽은 대들보 비슷하게 생긴 것이 배의 멍에이다. 이 멍에에다 돛대를 걸게 되는데 멍에 뒤쪽에 박은 2개의 나무 당아뿔 사이로 돛대를 밀어 넣어 세운 뒤 안산지기로 고정시킨다.(이원식 사진, 1964)

돛대의 밑둥에는 돛대를 꽂는 받침이 있는데 이것을 대굽(개밥통)이라고 한다. 행선할 때 바람의 방향이 변하게 되면 돛을 돌려댄다. 이때 돛대의 윗부분이 왼쪽으로 움직이면 밑둥은 오른쪽으로 움직이게 되고 대굽도 돛대와 같은 쪽으로 미끄러지면서 움직인다. 대굽을 고정시켜 놓는 배도 있다.

### 그림 83. 멍에(駕木)

돛대를 거는 멍에를 한판(큰)멍에, 뒤에 걸치는 멍에를 고물(작은)멍에라고 한다.(이원식 사진, 1964)

그림 83. 멍에(駕木)

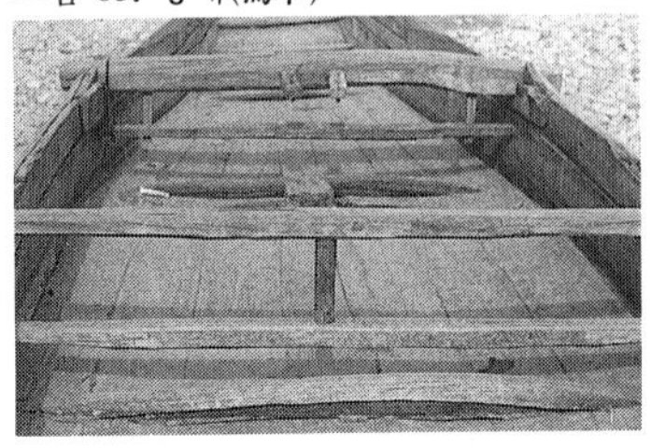

그림 84. 멍에와 돛대(帆竹)

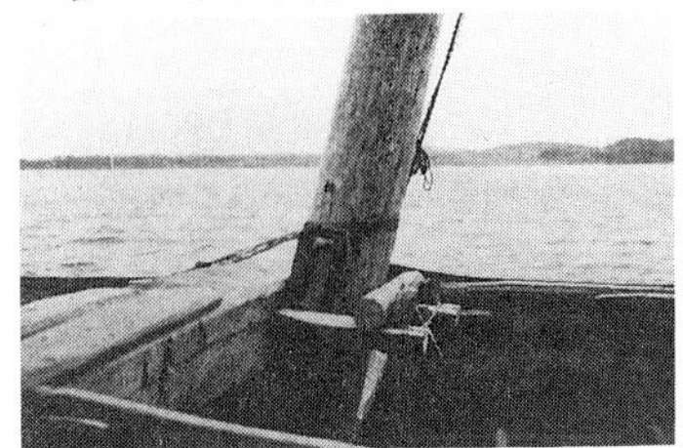

## 그림 84. 멍에와 돛대(檣, 帆竹)

사진에서 보는 것과 같이 멍에 뒤에 꽂은 당아뿔 사이로 돛대를 세우고 참나무 안산지기(빗장)로 고정시킨다. (*The Korean Boats & Ships*)

106쪽 아래
오른쪽 그림

## 그림 85. 멍에와 활아지

삼판 위에 멍에를 걸고 멍에 앞뒤쪽으로 삼판 위에 반달같이 생긴 나무쪽을 대었는데 이것을 활아지라고 한다. 이것은 삼판을 보강하여 주는 역할을 한다. 이렇게 삼판 위에다 보강하는 것을 덧삼이라고 한다. 멍에 밑에 장쇠를 걸었는데 장쇠의 뺄목뿔이 삼판 밖으로 빠져 나와 있다.(이원식 사진, 1964)

그림 85. 멍에와 활아지

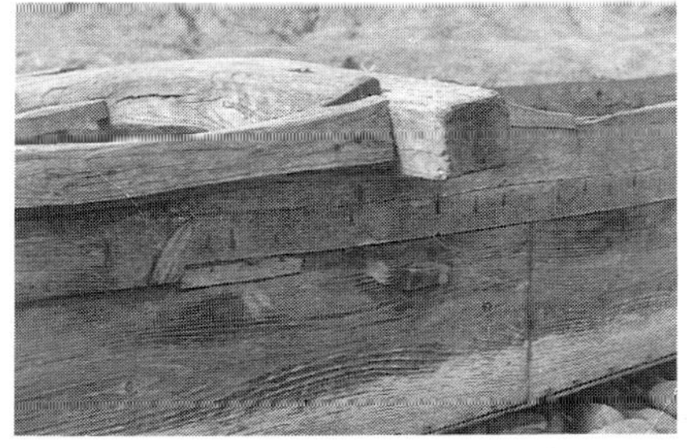

그림 86. 강배의 개량(나룻배를 겸한 짐배)

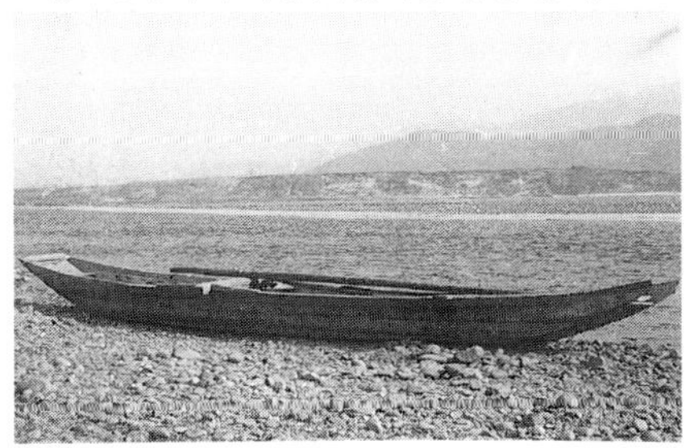

## 그림 86. 강배의 개량(나룻배를 겸한 짐배)

양수리(두물머리개)에 살았던 함돌문(咸乭文) 씨가 만든 나룻배이다. 나룻배로 쓸 때에는 고물머리 멍에에 있는 노좆에다 조선식 큰노를 걸고서 노를 저어 강을 건넌다. 짐배로 쓸 때에는 비스듬하게 생긴 고물비우에다 키를 꽂으며, 멍에 뒤에다 돛대를 세워 돛을 달아 올리고 바람을 받아 행선한다. 배의 길이는 약 5발, 너비는 1발 남짓, 높이는 2자 정도가 된다.(이원식 사진, 1964)

## 그림 87. 강배(나룻배를 겸한 짐배)

돛대를 세워 돛을 달고 키를 꽂아 행선하면 짐배가 되고, 돛대를
뉘고 조선식 큰노를 저어 강을 건너가면 나룻배가 된다.(이원식 사
진, 1964)

그림 87. 강배(나룻배를 겸한 짐배)

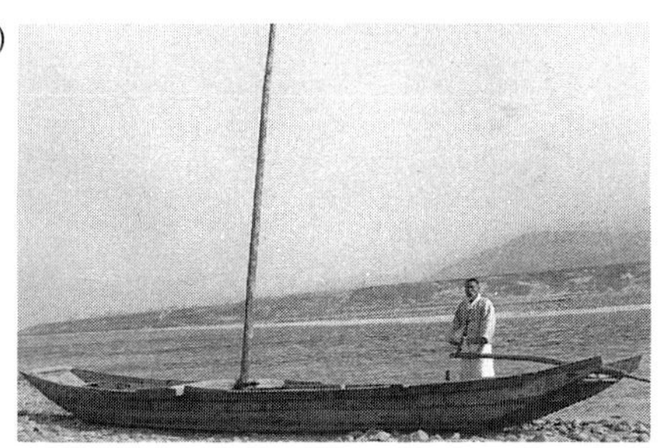

## 그림 88. 강배의 개량(배밑과 장쇠)

쓰임새를 나룻배와 짐배로 한 것 뿐만 아니라 만듦새도 한선식과
서양식(개량)을 겸했다. 배밑과 양쪽 삼판, 앞의 이물비우와 뒤의
고물비우 등은 한선식으로 하였으나 배밑과 삼판을 보강하여 주는
서양식의 갈비뼈(肋骨 ; 일본식에서는 '마쓰라'라고 한다)를 덧붙였
다. 바닥장쇠 대신에 바닥둔테를 박았다. 이물비우 위에 이물장쇠를

그림 88. 강배의 개량(배밑과 장쇠)

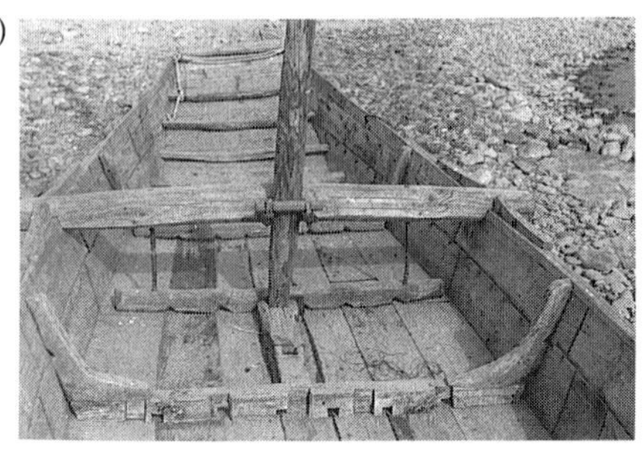

걸었으나 멍에 밑에는 장쇠를 생략하고, 대신에 쇠볼트로 멍에와
둔테를 연결했다. 전통 한선식의 바탕은 그대로 두고 일부분만을
간소화하여 개량한 것이다.(이원식 사진, 1964)

**그림 89. 강배의 개량(고물)**

나룻배의 고물비우 위에다 킷다리를 꽂는 구멍(두리구녁)을 뚫고
두꺼운 네모판으로 보강을 했다. 돛을 달고 바람을 받아서 행선을
하기 위해 개량했다고 본다.(이원식 사진, 1964)

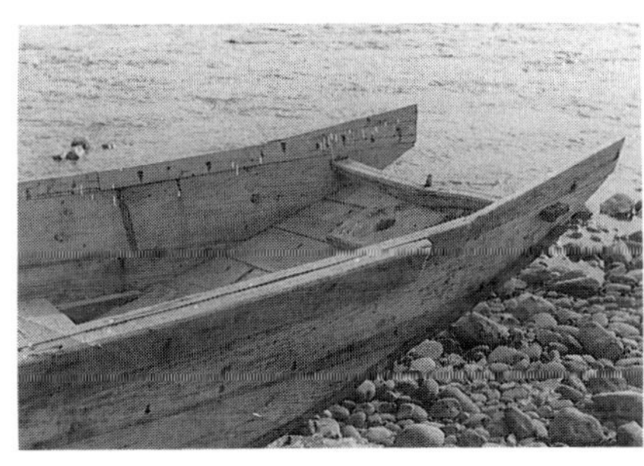

그림 89. 강배의 개량(고물)

**그림 90. 강배의 개량(고물)**

고물의 뒤를 막지 않고 코를 째 놓은 것이 특이하다. 고물의 뱃전
을 높이기 위해서 귀를 달았는데 이것을 귀삼이라고 한다.(이원식
사진, 1964)

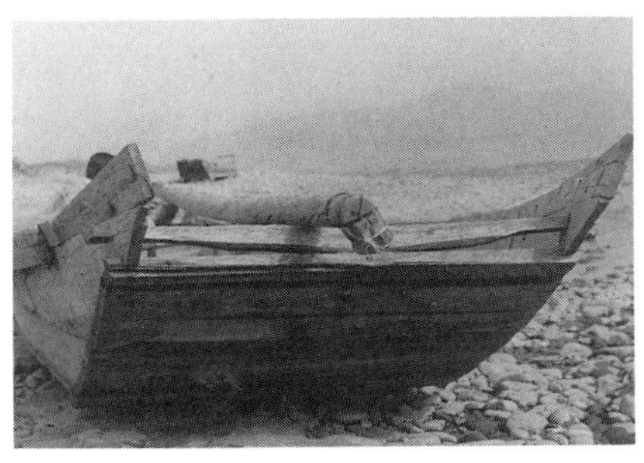

그림 90. 강배의 개량(고물)

# 전통 한선, 강배

### 그림 91. 나룻배(津渡船)

사람을 실어 나르는 나룻배는 다른 쓰임새의 배보다 배밑의 너비가 더 넓다. 배밑 바닥에는 둔테를 대었는데 그 위에 마루를 깔았다. 일본에는 나루우라(奈留浦)라는 지명이 있는데, 우리말로는 '나룻개'이다. 우리나라의 나루터와 관계가 있는 말 같다. 한자로 포(浦)를 우리말로는 '개'라고 하고, 진(津)을 우리말로는 '나루'라고 한다.(*The Korean Boats & Ships*)

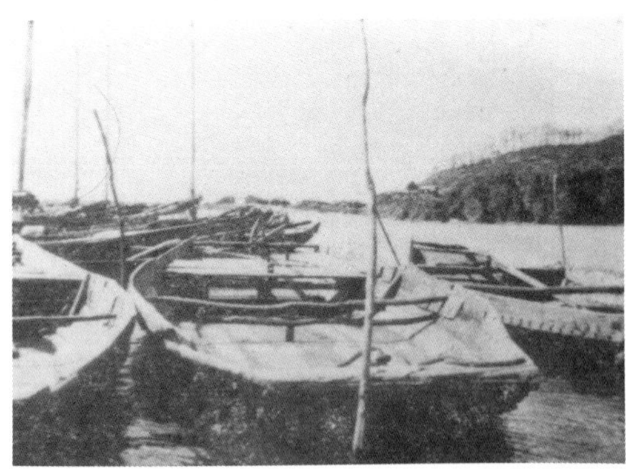

그림 91. 나룻배(津渡船)

111쪽 위 그림

### 그림 92. 나룻배

앞쪽에 보이는 것은 자동차나 우마차를 실어 나르던 배인데, 1960년대까지 한강의 나루터에서 사용되었다. 뒤쪽에 보이는 것은 소나 말을 실어 나르는 '나룻배'로 이물의 덕판이 없고, 비우도 몇 쪽을 떼내어 소나 말이 오르내리기 편하게 하였다. 나룻배에는 돛대를 세우지 않고 돛도 달지 않는다.(「백년전의 한국」, 김원모·정성길, 1900년 무렵)

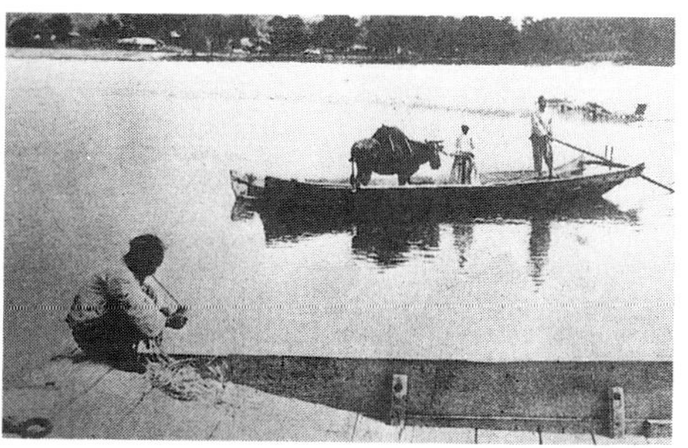

그림 92. 나룻배  앞쪽에 보이는 것은 자동차나 우마차를 실어 나르던 배인데 1960년대까지 한강의 나루터에서 사용되었다.

## 그림 93. 충주 탄금대의 늘배

팔당(八堂) 발전소가 건설되기 전인 1966년까지만 해도 충주 달래강에서 한강이나 서강 동막까지 늘배가 내왕했는데, 충주로 모여드는 내륙 지방의 토산물을 서울까지 실어 날랐다. 또 강화, 인천에서 서울로 올라온 소금, 새우젓, 고기 등의 해산 이엄물과 서울의 생활 필수품을 충주로 실어 날랐다.

늘배의 하행 때는 깅물의 흐름을 따라서 하류인 서울도 내려온다. 반면 상행 때는 바람을 기다렸다가 바람이 불어 오면 수십 척의 배가 줄을 이어 돛을 달고 행선하게 된다. 바람이 없거나 적을 때는 강기슭으로 붙어서 사람이 밧줄로 끌어당겨 가면서 올라갔다.(1900년 무렵)

그림 93. 충주 탄금대의 늘배

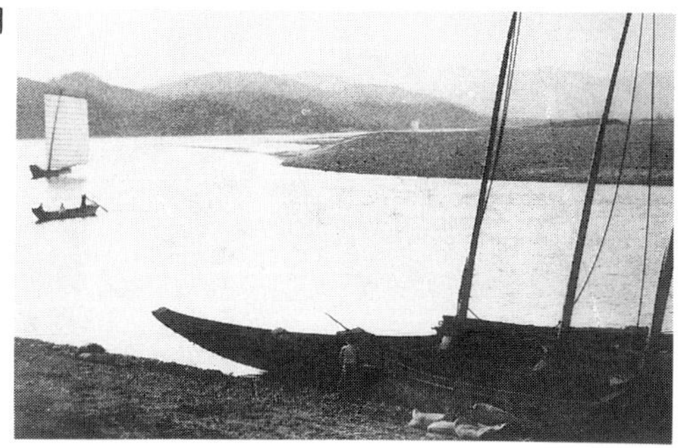

### 그림 94, 95. 한강의 늘배들

돛을 달고 바람을 받아 한강을 거슬러 충주로 올라가는 늘배들
이다. 물살을 잘 타고 나아가게 하기 위해서 이물비우의 기울기를
둥그스름하게 유선형으로 만들었다.(1930년대. 그림94 : *The Korean Boats &*
*Ships*, 그림95 :「船の朝鮮」)

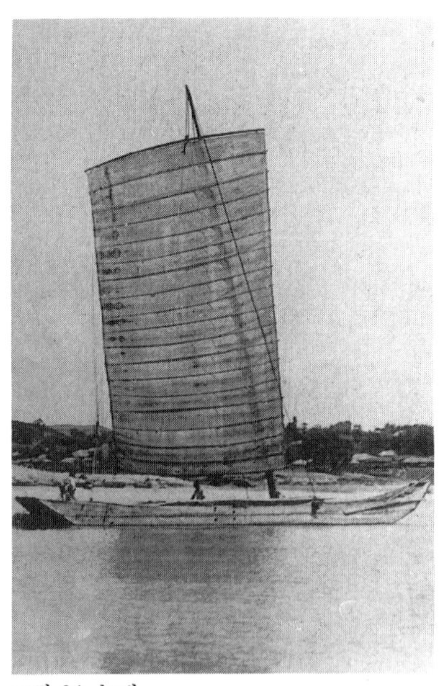

그림 94. 늘배

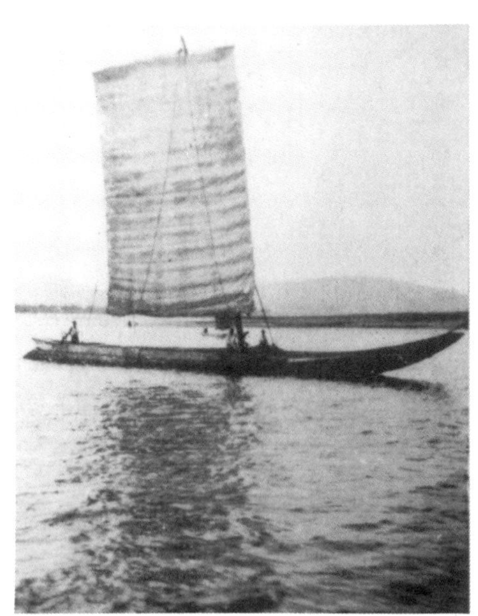

그림 95. 늘배

113쪽 위 그림 　　　### 그림 96. 솔가지를 실어 나르는 배(柴船)

산간 지방에서 채벌한 솔가지를 서울로 실어 나르기 위해서 뱃전
위를 가로로 질러 틀을 짰다. 배의 좌우가 평형을 이루게 하기 위해
배를 물에 띄워 놓고 솔가지를 싣는다. 광나루에서 송파, 삼전도,

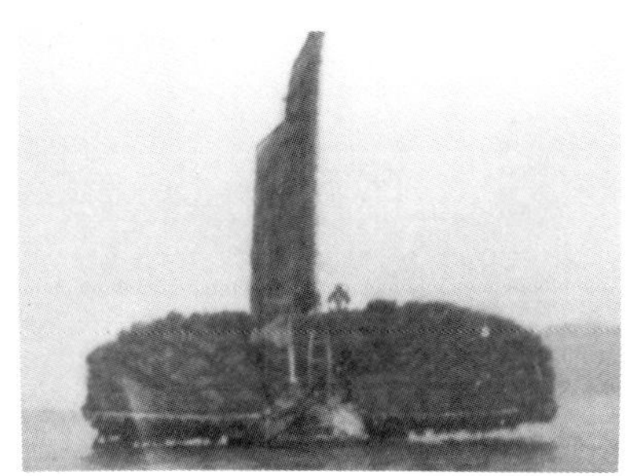



잠실을 거쳐서 한강으로 내려간다. 이들 유역에서는 강물이 호수와 같이 넓게 퍼져 있고, 흐름도 느리기 때문에 돛을 달아 바람을 받아서 행선하게 된다. (*The Korean Boats & Ships*)

## 그림 97. 대동강의 짐배

보양은 한상의 나룻배와 거의 비슷하다. 돛을 달고 행선할 수도 있으며, 그림에서와 같이 이물에서 서양 보트식 노(옆에서 젓는 노)를 2인 1조가 되어 저을 수도 있다. 배의 방향을 잡는 키를 쓰지 않고 노를 쓰고 있는 것이 특이하다. (*The Korean Boats & Ships*)

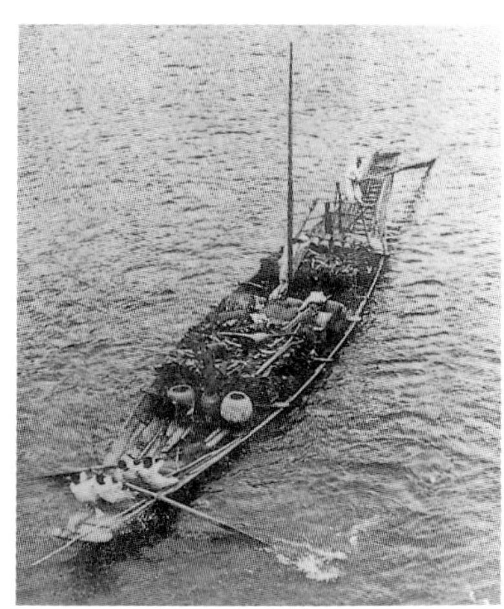

그림 97. 대동강의 짐배

# 일본 속의 고대 한선

## 백제, 신라, 고려시대

일본의 역사가 한반도에서 건너간 한민족에 의해서 이룩되었다는 것은 잘 알려진 사실이다. 상고시대 때 한반도에서 일본으로 건너가려면 통나무 묶음이나 뗏목, 통나무배 비슷하게 흙으로 빚어 만든 배, 옹기 여러 개를 묶은 배, 큰 함지박이나 옻칠한 고리짝 등을 이용하였다. 그 후대에는 정동진(正東津)의 토막배와 같은 뗏목배, 두만강의 나룻배와 같은 통나무배를 이용하였다. 그리고 구조선이 발달함에 따라 강선과 해선을 이용했다. 배를 타고 동해로 나가면 배는 해류에 밀려서 일본의 서해안에 닿게 된다.

7쪽 그림

일찍이(기원전 600년경으로 추정) 왜(倭)와 관계가 깊었던 가라(加羅, 韓, から), 상가야(上伽耶), 하가야(下伽耶)의 일부 왕족과 유민들은 562년과 532년에 걸쳐서 각각 패망하게 되자 구주 지방으로 건너갔다. 또한 왜의 왕실과 밀접한 관계가 있었던 백제도 나라가 패망하게 되자 일부 왕족과 유민들은 백제 함선과 왜의 함선을 타고 구주 지방으로 건너갔다.

섬나라로 건너간 동해안의 배, 가라의 배, 가야의 배, 백제의 배는 일본의 고대 구조선의 기본이 되었다. 따라서 우리나라 조선 기술이 고대 일본 조선 기술의 원조이자 그 바탕을 이루었다고 할 수 있다. 그러나 우리 옛날 배(古代船舶)의 모습은 역사 기록이나 유물들이 없어 일본의 역사 속에서나 찾아볼 수 있다.

일본의 스후지(須藤利一) 씨는 "구조선(構造船)의 초기 이물비우는 앞이 뾰족하게 되어 있지 않았고, 물을 밀고 나가는데 있어서 좋지 않은(물의 저항을 많이 받는) 넓은 판(平板狀)과 같은 것이었다. 이러한 이물비우를 '도다데' 또는 '도다데 쓰구리'라고 하며, 고물비우도 같은 만듦새로 되어 있다. 이러한 양식은 최근까지 사용되고 있다"라고 「후네(船)」라는 책에 써 놓았다.

또 모리(森克己) 씨도 같은 책에 기고하면서 "견당사선(遣唐使船)의 선소에는 소박사 장관(造船使長官)과 차관이 임명되었다. 그리고 초기에는 스오우(周防國), 중기에는 오우미(近江), 단바(丹波), 하리마(播磨), 빗주우(備中) 등에 명령해서 견당사선을 만들게 하였다. 후기에는 아기(安藝國)에서 만들도록 하였다. 7세기 중엽에는 아기에 명령해서백제 배 2척을 만들었다. 그 뒤 계속해서 견당사선을 이나라에 명령해서 만들도록 한 것을 보면, 견당사선(遣唐使船)은 백제식의 배였을 것으로 생각한다"고 말했다. 또한 "660년 백제의 귀족들과 유민들이 일본으로 건너온 뒤 백제식 산성을 쌓는 등 여러 방면에서 일본의 문화와 기술에 공헌을 하였는데, 백제식의 배도 이러한 백제인의 기술에 의해서 건조되었다"라고 하였다.

**그림 98. 일본 동탁(銅鐸)에 새겨진 통나무배**

일본의 후꾸이(福井縣大石村)의 고분에서 출토된 동탁에 새겨져 있는 통나무배 모양의 그림이다. 오른쪽 배 안에 1명이 서서 노(櫂)를 젓고 있다. 상고시대에 한반도에서 일본으로 건너간 사람들의 이야기를 동탁에 새겨 넣은 것 같다.(「日本の船」, 日本海事科學振興財團)

117, 118쪽 그림

116쪽 왼쪽 그림

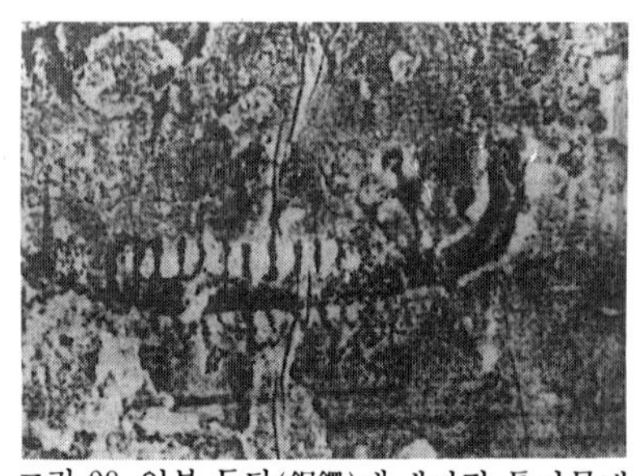
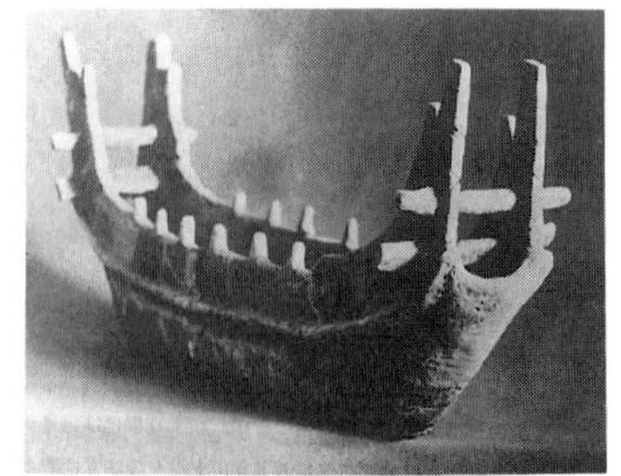

그림 98. 일본 동탁(銅鐸)에 새겨진 통나무배 　　그림 99. 일본의 배 모양 토용

### 그림 99. 일본의 배 모양 토용(土俑)

통나무배 위에 삼판을 1장 올려서 노 젓는 배를 꾸몄다. 뱃전 위에 튀어나온 것은 노좆이다. 박이라고 하는 노를 이 노좆에다 노끈으로 잡아매고 젓는데 일본에서는 이런 노를 요(櫂)라고 한다. 삼한시대 때 김해 근처에서 이러한 배를 타고 일본으로 건너간 것으로 알려지고 있다. (「日本の船」, 일본 해사과학진흥재단)

117쪽 그림

### 그림 100. 일본 속의 백제선(가라부네, 唐船)

사진 설명에 '건조 중인 가라부네(唐船)'라고 써 있는데, 일본에서 '가라(から)'는 옛날 삼한시대의 '한(韓 또는 한반도)'을 뜻한다. 발음도 가라(加羅, から)라고 했으나 차츰 외국이나 먼 나라의 뜻으로도 쓰여졌다. 그러므로 가라부네라는 말은 '멀리 있는 외국에 다니는 배' '가라 사람이 만든 배'의 뜻을 가지고 있다. 그러나 중국에 당나라(唐 역시 가라라고 읽는다)가 생긴 뒤로는 한(韓)과 당(唐)을 혼용하여 '한(韓)의 사람'을 '당(唐)의 사람'으로 쓰고도 있다.

가라부네(唐船)는 '백제 사람이 백제식으로 만든 바다 건너 먼나라에 가는 배'를 뜻한다. 이 그림에서 당선이라 해서 당나라의 배라는 것은 아니다. 중국의 당나라 배가 처음으로 일본에 표착(漂着)한 것은 819년이었기 때문이다. 백제의 조선 기술자인 선장이 자귀를 가지고 나무를 깎아 내는 모습이 보인다. 이 배는 7장의 삼

판으로 무으어졌으며 윗삼판과 아랫삼판에 박힌 참나무못이 서로
어긋나게 줄지어 있다.(「船」, 須藤利一 編)

그림 100. 일본 속의 백제선(가라
　부네, 唐船)(「日本の船」, 일본 해
　사과학진흥재단)

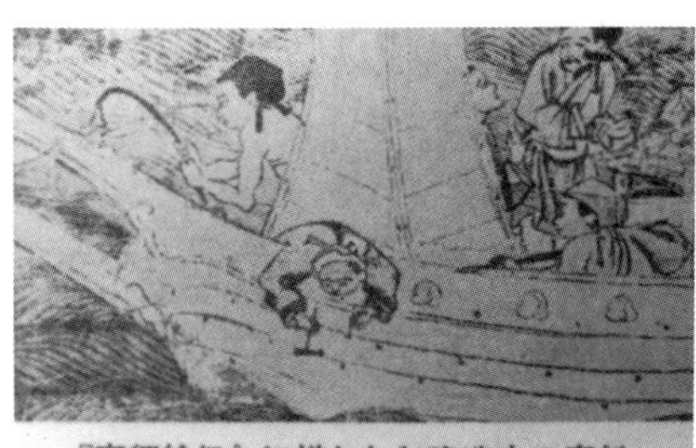


## 그림 101. 백제식으로 만든 견당사선

118쪽 위 그림

　일본은 백치 원년(白稚元年, 650년) 아기(현 廣島縣)에 명하여
2척의 백제선을 제작하였고, 3년 후에 일본의 제2차 견당사선(遣
唐使船)을 건조하였다. 그 뒤로도 아기에서 백제선이 종종 만들어
졌는데, 이는 견당사를 보낼 때마다 만들어진 것으로 보여진다.
그러므로 견당사선은 백제식의 배가 틀림없으며, 이것을 만든 사
람도 백제 사람이다.

　다음 그림은 12세기에 그려진 그림인데 배를 너무 화려하게 치
장한 것 같다. 이물과 고물이 너무 솟아올라 있고 650년경의 백제
선으로 보기에는 곡선 및 구름 모양이 대단히 훌륭하다.

　이물에 닻줄물레가 달려 있고, 2개의 돛대에다 대나무로 만든
풍석(風席 또는 竹席, 利篷) 돛이 달려 있다. 우리나라 고대 한선
이 어떠한 형태였는가 하는 것을 짐작할 수 있는 그림이다.

　백제 멸망 전후의 일본은 신라와의 관계가 악화되어 있었기 때
문에 한반도 연해안을 따라 입당(入唐)하는 북로로 갈 수가 없었
다. 따라서 백제의 배를 만들어서 그 배를 타고 남로를 택했다.

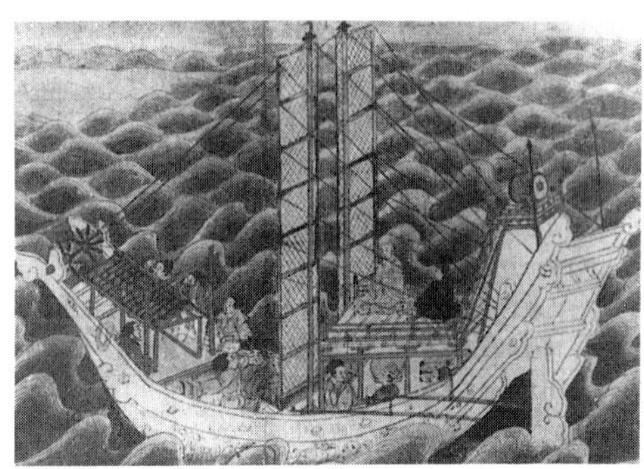

그림 101. 백제식으로 만든
견당사선

## 그림 102. 견당사선

배의 만듦새를 비교적 사실적으로 잘 묘사하였다. 조선 때의 사견
선과 너무 많이 닮았다. 이 그림을 그린 화원은 당시에 남아 있던
백제식의 배를 보고 그린 것 같다. (「吉備大臣入唐繪詞」, 미국 보스턴 미술
관 소장)

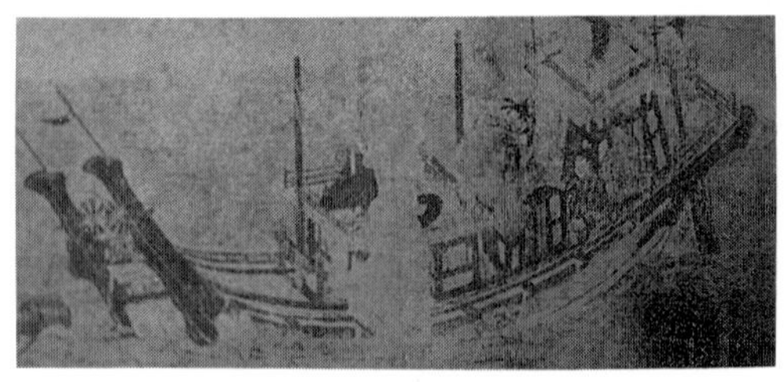

그림 102. 견당사선

119쪽 그림　　## 그림 103. 신라의 배

신라는 동해안(정동진, 울진, 포항, 울산)과 남해안(기장, 동래,
다대포, 남해, 거제, 완도)을 끼고 있어서 당시 삼국 가운데 가장
해상 활동이 왕성하였을 것이다. 그러나 배에 대한 기록이나 그림을

찾을 길이 없다. 다만, 고고학적인 유물로 안압지에서 출토된 통나무 20쪽 그림
배가 유일한 것으로 알려지고 있다. 남해안 완도에서 발굴된 고려
완도선을 만든 사람의 조상은 신라인이고, 장보고 장군 때의 무역선
도 이와 같으리라고 추측된다. 여기에 '화엄연기 의상회의 선(華嚴
緣起·義湘繪の船)'라는 그림이 있는데, 이것은 일본에서 12세기경에
송나라의 도해선(渡海船)을 본떠 그린 것이라고 한다.(「船」, 須藤利一
編)

그림 103. 신라의 배

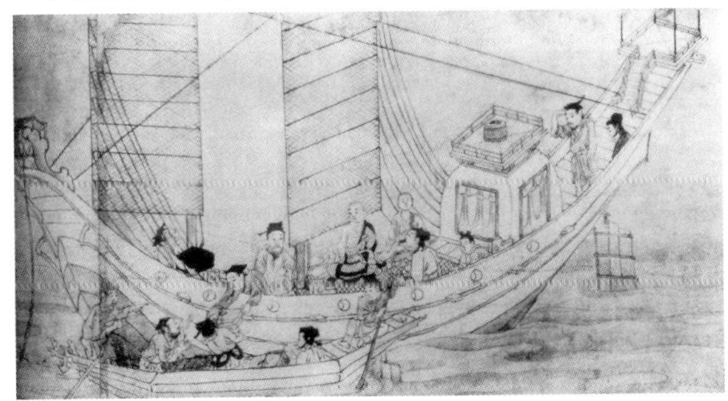

## 그림 104, 105. 여몽 연합군이 타고 갔던 전함과 일본의 병선

여몽 연합군은 1274년과 1281년 2차례에 걸쳐서 일본 규슈의 120, 121쪽 그림
하까다(九州 博多)를 공격하였다. 이때 타고 갔던 배는 고려의 합포
등지에서 고려식으로 건조한 전함이다.

이에 맞서서 싸우는 일본군의 병선은 1550년 이후에 만들어진
야마도가다의 선형이 아니고 이물이 넓적한 한선식 이물비우를
하고 있다. 660년 백제가 멸망한 뒤 일본으로 건너갈 때 백제인들이
타고 갔던 배와 일본에서 만든 백제식 배의 모습을 여기 그림의
병선에서 찾아볼 수 있다.

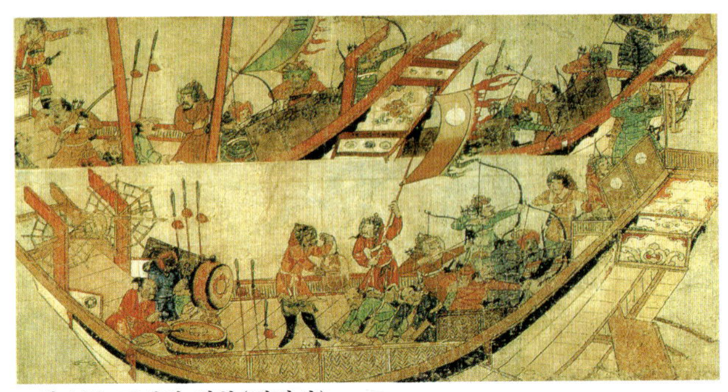

그림 104. 고려의 전함(평전선)

## 그림 104. 고려의 전함(평전선)

그림의 앞쪽에, 오른쪽에서 왼쪽으로 행선하는 배가 고려의 평전함이다. 좌우의 삼판을 무으어 올리고 난 다음에 바깥쪽으로 옥삼(멍에 위에서 올리는 삼판) 2장을 덧붙여 올렸다. 그리고 아래 옥삼에 노구멍을 뚫었다. 이 노구멍에 노를 꽂아 밖으로 빼내고 포판 위에서 노를 젓고 있다. 덧붙인 옥삼 위에는 난간 기둥을 세우고 난간을 걸었으며 나머지는 대나무 삿자리로 둘러 막았다. 왼쪽 이물(뱃머리)에는 닻줄물레가 닻줄물레 받침 기둥에 걸려 있다.

배 위에는 포판(겻집)을 가로로 널판으로 깔았고, 고물에는 배의 방향을 조종하는 키가 꽂혀 있다. 배 위에는 일본군에 대항하여 활을 쏘면서 싸우고 있는 여몽 연합군의 모습이 보인다.

그림의 위쪽에, 왼쪽에서 오른쪽으로 행선하는 배가 2척 보이는데 이것도 고려의 평전함이다. 오른쪽 이물에 닻줄물레 받침 기둥만 보이고 닻줄물레는 안 보인다.

배의 한가운데에 2개의 돛대가 세워져 있다. 그림 안의 깃발이 세차게 나부끼는 것으로 보면 배가 행선하는(노를 저어 가는) 반대 방향에서 바람이 불어 오고 있다. 여몽 연합군이 어려움을 당하는 전투 장면을 묘사하고 있다.

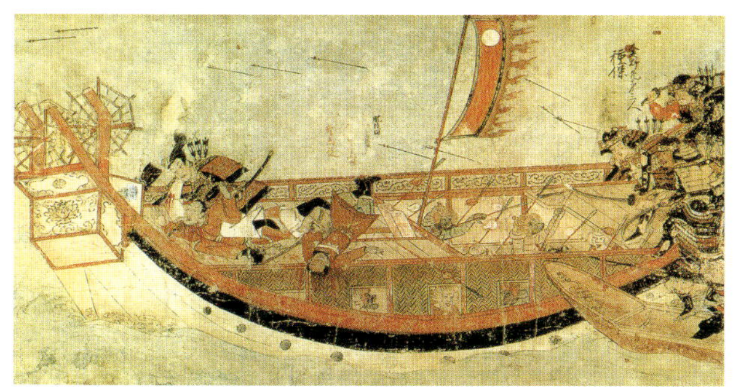

그림 105. 고려의 전함(누전선)

## 그림 105. 고려의 전함(누전선)

오른쪽에서 왼쪽으로 행선하는 고려의 전함이다. 앞에서 본 평전
선과 같은 배의 포판 위에 뱃집을 지은 것이 보인다. 뱃집이 있는
배를 누선(樓船)이라고 한다.

배 한복판에 돛대를 세우게 되는데, 그 돛대를 받쳐 주는 구레짝
이 보이고 그 좌우로 뱃집을 세웠다. 뱃집은 기둥을 세우고 지붕은
널판으로 덮었으며 뱃전 쪽으로 문을 냈다. 뱃집의 벽은 대나무
삿자리로 대어 막았다. 돛대 뒤쪽에는 뱃집을 세우지 않아 비어
있고, 고물에는 한 단 높은 다락마루를 깔았다.

뱃집의 만듦새는 조선의 사견선과 똑같으나 사견선은 벽을 널판
으로 대어 막았다. 이 누전함(樓戰艦)의 노구멍 자리는 앞의 평전함
(平戰艦)의 노구멍 자리와 같지 않다. 덧붙인 옥삼에 구멍을 뚫지
않고 그 아래에다 뚫었다. 배의 구조나 포판의 높이로 본다면 노구
멍은 그 위판에 뚫어야 하는데 그림이 잘못된 것 같다.

일본군들이 배에 올라 여몽 연합군과 접전을 하고 있다. 그림
오른쪽 아래에 보이는 배는 일본군이 타고 온 배인데 모양으로 보아
통나무배의 배밑을 가진 것 같다.(元寇の 新硏究 - 池內 宏)

# 조선시대

지금으로부터 158년 전 일본의 히로시게(廣重)라는 화가가 1832년에 동경의 니혼바시(日本橋)에서 교토에 이르는 명승지를 그린 '도오까이도 고쥬우산지(東海道 五十三次)'라는 목판 풍경화에는 배에 관한 그림이 많이 있는데, 그 가운데 우리나라 옛날 배와 관련이 있는 배의 만듦새와 쓰임새를 알아보고자 한다.

**그림 106. 가와사키(川崎)의 나룻배**

너비가 넓은 나룻배에 손님들이 가득 타고 있다. 하나는 떠나고, 다른 하나는 돌아오는 배이다. 다른 그림에서는 뱃사공이 삿대질을 하면서 배를 몰아갔는데 이 그림에서는 둘 다 고물에서 조선식 큰노와 같은 노를 젓고 있다. 이물과 고물이 다 같이 넓적하고 평평하다.

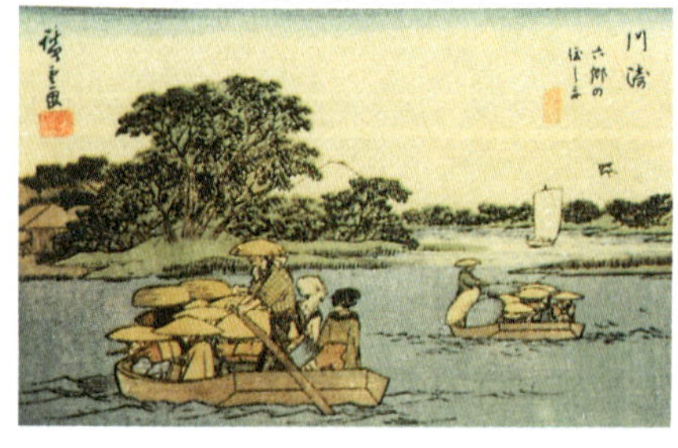

그림 106. 가와사키(川崎)의 나룻배

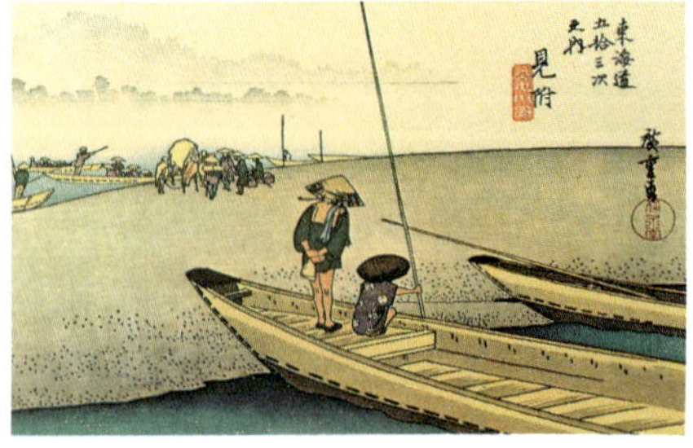

그림 107. 미쓰께(見附)의 나룻배

**그림 107. 미쓰께(見附)의 나룻배**

미쓰께(見附)에는 덴류가와(天龍川)라고 하는 강이 있고, 여기에 나루터가 있다. 강가에 2척의 나룻배가 나란히 대어 있다. 이물은 그다지 넓지는 않지만 이물비우를 널판대기로 가로다지로 대어 막은 것을 알 수 있다. 뱃전(배의 삼판)은 2폭으로 무으어 올렸다.

한강의 나룻배의 만듦새보다는 간략하고 단순하지만 이물멍에
1개가 보인다. 사람이 오르내리기 편하게 하기 위해서 이물바닥을
한 층 높였다.

　30년 전에 이 책의 편저자가 이곳 미쓰께를 현지 답사한 일이 있
는데 그 때 이 그림에서 본 것과 똑같은 배가 나루터에 있었고, 그림
과 똑같은 모래밭이 있었으며 원경(遠景)도 같았다고 한다.

122쪽 오른쪽
그림

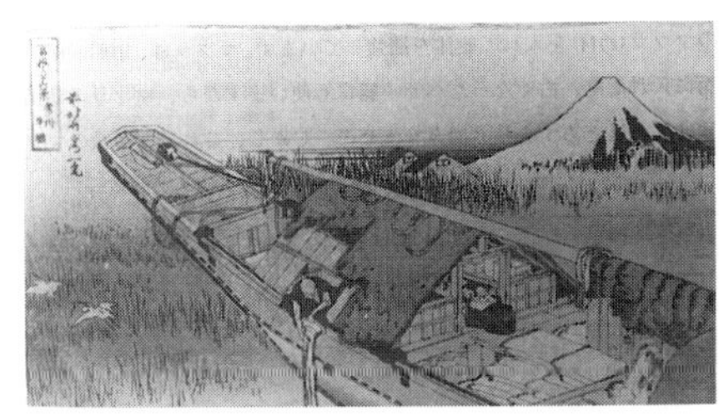

그림 108. 다까세부네

## 그림 108. 다까세부네

　다까세부네(高瀬舟)라는 이름은 지금으로부터 1,000여 년 전의
일본 책인 「삼대실록(三代實錄)」에 나오며 "다까세부네는 길이
가 20자 내지 31자가 된다"라고 하였다.

　배의 만듦새를 보면 목판배와 같은데 배밑은 평평하고 이물비우
와 고물비우 또한 평평하다. 이물과 고물이 솟아올라 있다. 일본에서
는 이러한 배의 만듦새를 상자형(箱型造り)이라고 한다.

　그림의 배는 큰 다까세부네로서 길이 89자, 너비 17자가 되는
큰 배이다. 이물칸에는 뱃사공들이 살림살이하는 뱃집이 있다. 이
배는 짐을 싣고 강을 거슬러 올라가는데 바람이 있을 때는 돛을
달지만, 바람이 없을 때는 사공들이 강기슭에 올라가서 밧줄로 배를
끌어당기면서 올라간다. 강을 내려올 때는 흐름을 타고 삿대질을
하면서 내려온다.(「日本の船」, 일본해사과학진흥재단)

# 참고 문헌


「삼국사기」 김부식, 1145.
「삼국유사」 일연, 1285.
「세종실록 지리지」
「단종실록」
「비변사등록」
「호좌수영지(湖左水營誌)」 경주이씨 익제공파문중, 1592~1815.
「여암전서(旅菴全書)」 여암 신경준, 1712~1782.
「헌성유고(軒聖遺稿)」 고성 이광현, 1972.
「고려도경(高麗圖經)」 서긍, 아세아문화사, 영인본.
「증정교린지(增正交隣志)」 1892.
「조선시대통신사」 국립중앙박물관, 1986.
「이충무공전서」 규장각(청주판), 1795.
「이충무공전서」(국역주해) 이충무공기념사업회, 1960.
「임진장초(壬辰狀草)」(국역주해) 조성도, 1976.
「임진장초」(영인본) 이충무공기념사업회, 1976.
「제승당지(制勝堂誌)」 제승당관리사무소, 1986.
「환단고기(桓檀古記)」 온누리, 1985.
*VASAN* Bjorn Landstrom, 1980.
*The Ship* Bjorn Landstrom, 1980.
「우리 배의 역사」 김재근, 1989.
「조선통신사의 발자취」 김의환
「東海道五十三次」 廣重, 1832.
「한국미술」 최순우, 도산문화사, 1981.
「한국회화」 국립중앙박물관, 1972.
「한강에 우리의 목선을 띄우자」 이원식, 민학회, 1987.
「민학」(제Ⅰ, Ⅱ집) 민학회, 1972.
「백년전의 한국」 김원모, 정성길, 1987.
「귀선고(龜船考)」 해사연구보고(Ⅱ), 조성도, 1964.
「韓國東岸の 筏船(テツベ)」 山口晶子, 1986.
「船」 須藤利一, 1968.
「日本の船」 日本海事科學振興會, 1977.
「元寇の 新研究」 池內宏, 1932.
*The History of ships* Kemp, 1976.
'귀선고(龜船考)'「史叢」 제3집, 최영희, 1953.
「한국수군사연구」 최석남, 명양사, 1964.
「이순신전사연구」 조인복, 명양사, 1964.

'임진왜란시 조선 수군의 승리 원인의 종합적 분석 평가' 「**국방사학회보**」 조인복, 1977.

「귀선고(**龜船考**)」 해사연구보고 제2집, 1964.

「조선왕조 군선연구」 김재근, 일조각, 1977.

'임진왜란 후 귀선의 변천 과정' 학술원 논문집, 1968, 「**국방사학회회보**」 김용국, 1977.

'거북선의 기원과 발달' 김용국, 「**국방사학회보**」, 1977.

'귀선의 과학적 연구' 낭원식, 「**국방사학회보**」, 1977(1965년 발표 논문).

'임진왜란에 있어서의 이충무공의 승첩(勝捷)—그 전략적 전술적 의의를 중심으로' 허선도, 「**군사(軍史)**」 제2집, 1981.

'이순신장군의 전략 구상과 작전 결과' 최칠호, 「**군사**」 제2집, 1981.

「한국수학사」 김용운·김용국, 열화당, 1977.

「한옥의 조영」 신영훈, 광우당(匡祐堂), 1987.

「석굴암 보수공사 보고서」 문화재관리국, 1968.

'목조 건축 조영의 수리 응용' 「**고고미술**」 제9권 제6호, 신영훈, 1968.

'경주 첨성대 실측 및 복원도에 의한 비례 분석' 송민구, 「**한국과학사학회지**」 제3권 제1호, 1981.

'귀선 구조에 대한 재검토' 남천우, 「**역사학보**」 제71집, 1976.

'소선 소선사' 상만실, 「**한국분화사대계**」 Ⅲ, 고려대 출판부, 1968.

「한국과학기술사」 전상운, 정음사, 1976.

'귀선의 조선학적 고찰' 김재근, 「**학술원 논문집**」, 1974.

'판옥선고' 「**국방사학회보**」 김재근, 1977.

'이순신 귀선의 철장갑에 대한 보유적(補遺的) 주석' 「**한국과학사학회지**」 박혜일, 제4권 제1호, 1982.

'이순신 귀선의 철장갑과 경상좌수사의 인갑(鱗甲) 기록에 대한 주석' 「**한국과학사회지**」 박혜일, 제7권 제1호, 1985.

'이순신 귀선의 철장갑과 이조 철갑의 현존 원형과의 비교' 「**한국과학회지**」 박혜일, 제1권 제1호, 1979.

「조선과학사」 홍이섭, 정음사, 1964.

*The Korean Boats and Ships* Horace H. Underwood Ph.D, Chosun Cristian College, Seoul, Korea, 1934.

「**船の朝鮮**」 今村鞆, 1930.

「한국수산지」 제1집 대한제국 농상공부, 1908.

「어선조사보고서」 조선총독부 수산시험장, 1927.

「만기요람(**萬機要覽**)」 국역 총서.

「**한국전통목조건축도집(韓國傳統木造建築圖集)**」 한국건축사협회.

「**한식목조건축설계원론(韓式木造建築設計原論)**」 조승원, 조영무.

「화성성역의궤(**華城城役儀軌**)」 수원문화재 보전회.

*Man-of-War WASA* 스웨덴, 1982.

# 용어 해설

## 〈ㄱ〉

**가로다지**:가로된 방향, 가로지른 물건.

**가새**:배밑을 가로로 꿰어 박은 길다란 나무창(長槊)

**가룡목(駕龍木)**:장쇠라고도 한다. 멍에 아래 삼판마다 꿰뚫어서 활처럼 거는 데 배의 횡강력을 갖는다.

**거둥멍에**:한판멍에와 고물머리 멍에 사이에 설치한 큰멍에.

**거룻배**:돛을 달지 않은 작은 배. 큰 배와 뭍, 어장과 뭍 사이를 오가는 배.

**거북배(龜船)**:1592년에 전라좌도 수군 절도사가 창제한 전선.

**격군(格軍, 櫓軍)**:배에서 노젓는 군사.

**겻집(보판;鋪版)**:멍에 위에 귀틀을 짜고 그 위에 가로로 깐 널판. 갑판(甲板; 서양식, 일본식 조선 용어)에 해당한다.

**고물**:배의 뒷부분.

**고물머리**:고물의 끝.

**고물멍에**:배의 뒷부분에 설치한 큰멍에.

**고물비우**:배의 뒷부분의 좌삼판과 우삼판 사이를 가로 널판대기로 막은 것.

**고물칸**:한판멍에 뒤 투석간 뒤에 있는 배 안의 선창.

**구고현법(勾股弦法)**:"3 : 4 : 5의 직각 삼각형에 있어서 두 변의 면적의 합은 사변의 면적과 같다"는 동양의 산법. 서양의 '피타고라스의 정리'와 같다.

**구조선(構造船)**:자연 목재를 그대로 이용하지 않고, 나무를 쪼개고 자르고 하며 결합하고 연결한 배.

**귀삼(耳杉)**:삼판 위에 "귀"를 더 얹어 달은 삼.

**굴대**:수레바퀴의 한가운데에 뚫린 구멍에 기우는 긴 쇠나 나무.

## 〈ㄴ〉

**나루턱**:나룻배가 나루에 닿는 일정한 곳.

**나룻배**:나루에서 사람이나 짐 등을 건네어 주는 배(渡船, 津船).

**노(櫓)**:사람의 힘으로 물을 밀어내어 그 반작용으로 배를 앞으로 나아가게 하는 도구.

**노구멍**:노를 젓기 위하여 뱃전이나 배 위 판자에 구멍을 내어 놓은 것.

**노군(櫓軍)**:격군(格軍). 배에서 노 젓는 군사.

노창(櫓窓):삼판과 신방 사이의 공간으로 노를 젓는 자리＝(櫓櫨)

노좆:조선식 큰 노를 젓기 위하여 멍에나 고물 하판 위에 꽂아 놓은 엄지
　손가락 크기의 쇠(지렛목, 지점:支點).

누선(樓船):널판대기로 상장을 꾸민 배. 판옥선.


〈ㄷ〉

당두리(舠):돛이 2개 달린 큰 나무배. 당도리선(唐道里船).

당아뿔:돛대를 고정시키려고 멍에 뒷편에 박은 두 개의 나무.

닻:배가 떠나가지 않고 머물러 있도록 하기 위하여 물속에 내리는 갈고리가
　달린 기구.

닻줄:닻을 길게 연결한 밧줄.

닻줄물레(縴車):닻줄을 감아올리는 물레. 굴통이라고도 한다.(椵輪)

대굽(檣蹄):돛대를 세우기 위하여 배밑 위에 설치한 돛대 받침.

도리(道里):건축에서 기둥과 기둥 위의 보 위에 얹고 서까래를 놓는 나무.

동지기둥:짧은 기둥.

덕판(선멍에):배의 이물머리에 설치하는 큰멍에.

덧삼:삼판 겉으로 ㅂ강이나 ㅂ수를 위하여 덧 대는 삼.

돗자리 돛:돛(부들)풀로 짜서 만든 자리를 매단 돛. 옛날에는 '베'나 '면
　포'가 귀했기 때문에 일반에서는 이 '부들(일명 돗)자리'를 썼다.

돛단배:일반적인 호칭으로 돛을 매단 배를 이름.

둔테:대문의 안쪽에 널판대기를 여러 장 이을 때 대는 나무.

뗏목배:잘 다듬은 통나무나 모가진 각목을 5개 내지 10개를 옆구리에 구멍을
　파내고 길다란 나무창(가새)를 좌우에서 서로 어긋매겨 가면서 꿰뚫어 박
　아 연결한 배. 티우(제주도). 토막배(동해안).

뜸:짚이나 부들로 비를 피하기 위하여 지붕을 씌운 것.


〈ㅁ〉

마상(亇尙):조선시대에 평안도와 함경도 지방에서 쓰던 통나무배의 이름.

메생이:1930년대 한강이나 대동강에서 고기잡이 하던 통나무배의 이름.

메질꾼(打軍):대장간에서 큰 쇠메를 들고서 메질하는 사람.

멍에:뱃전(杉板) 위에 설치하는 횡량(橫樑)인데 배 위의 대들보 역할을
　한다.

무으다(무으어 올리다):삼판을 한장한장 연결하여 이어서 쌓아 올리는 것.
　(옛날:무스다).
미뒤:배의 진행 방향에서 오른쪽 뱃전을 말하며 우현이라고도 한다.
미앞:배의 진행 방향에서 왼쪽 뱃전을 말하며 좌현이라고도 한다.


〈ㅂ〉
바닥둔테:강선의 바닥에 대어 박는 둔테(여러 장의 문짝 널에 박는 둔테와 같
　다).
바닥장쇠:강선의 배밑 바닥에 거는 장쇠.
발(把):양팔을 벌린 정도의 길이인데 영조척(營造尺)으로는 5자이다.
배다리:강선을 옆으로 연결하고 그 위에 널판을 깔아 만든 다리.
배목(排目):둥근 고리가 달린 못처럼 생겨 자물쇠를 꽂게 된 쇠. 문고리에
　꿰는 쇠.
뱃몸:배의 밑바닥에서 멍에 위의 겻집 높이까지의 몸체.
뱃못:한선에서 삼판을 연결할 때 쓰는 나무못 또는 쇠못.
뱃전:배밑 가장자리 위에 턱을 따내고 널판대기를 겹쳐서 무으어 올린 곳.
　삼판(杉版)의 우리말.
배밑:배의 밑바닥, 한선의 배밑은 평평하게 생겼다.(平底).
병선(兵船):일반적으로 모든 싸움배를 말할 때도 있으나 작은(小船) 싸움배.
보판:한선의 멍에 위에 가로로 까는 널판. 겻집이라고도 한다.
부들:부들과에 딸린 여러해살이풀. 잎과 줄기로는 자리를 만든다.
부자리(不著里):한선의 첫째 삼판의 별명.
북조선(北漕船):조선시대 때의 관북 지방의 조운선.
뺄목:멍에의 끝이 삼판을 뚫고 밖으로 내민 부분.


〈ㅅ〉
사견선(使遣船):조선시대 때 통신사와 역관이 타고 일본을 왕래하던 배.
삼(杉):배밑 좌우 가장자리에서 삼판을 무으어가는 널판. 삼판이라고 한다.
삼판(杉板):현판(舷板)이라고도 한다. 우리말로 뱃전.
삿대질:삿대로 배를 밀어 가면서 추진하는 일.
삿자리:갈대를 엮어서 만든 자리.
상장(上粧):평선(平船) 위에 치장한 뱃집.

선멍에(덕판):배의 이물머리에 설치한 큰멍에.

선미옥란(**船尾屋欄**):배의 고물 꼬리에 설치한 난간과 보판(하판).

선미허란(**船尾虛欄**):선미옥란이 없는 배.

선수재:서양식 배에서 배의 이물을 꾸민 부재(뾰죽한 부분).

선청(**船廳**):판옥선의 2층 마루.

세로다지:세로로 댄 것. 세로 방향으로 지른 물건.

수군만호:조선시대 때 삼남 지방의 수영(水營) 관할하에 있던 무관 벼슬(만호
　의 집이 있는 고을의 수령).

신방(**信防**):배에서 기둥을 세우는 밑도리.


〈ㅇ〉

아딧줄:돛의 활대 하나에 하나씩 메어 달고 돛을 조종하는 줄.

안산지기:돛대를 고정시키는 당아뿔에 걸치는 빗장과 같은 일을 하는 나무.

야거리:돛대가 한 개만 달린 작은 배.

언방(패란):방패 위에 있는 도리.

옥삼:멍에 위에 또 얹어 무으어 올리는 삼.

운활:배밑의 맨 가장자리 나무. 그 안쪽의 깃은 서자.

읍진전선(**邑鎭戰船**):조선시대(1800년 경)의 「각선도본(**各船圖本**)」에 나오는
　두번째로 큰 전선. 각 수영에 속해 있는 전선.

이물(뱃머리):배의 머리 부분.

이물돛대:배의 이물큰멍에에 세운 돛대.

이물비우:배의 이물을 대어 박은 비우.

이물장쇠:배의 이물비우 안쪽에 설치한 장쇠.

이물칸:인무장이라고도 하는데 한판돛대와 이물돛대 사이의 선창.

이물큰멍에:이물돛대를 세우기 위하여 설치한 큰멍에.


〈ㅈ〉

장대(**將臺**):전선이나 귀선(**龜船**;거북배) 위에 장군이 군사를 지휘하게 하기
　위하여 세운 지휘 사령탑.

장부술:장부 구멍에 끼우는 장부 끝.

장쇠(**長釗, 駕龍木**):멍에 아래의 뱃전에 구멍을 뚫어서 꿰어 걸은 것.

좌선(**座船**):통제사가 타는 제일 큰 배. 현대 해군에서의 기함(**旗艦**).

전선(戰船):조선시대의 싸움배. 주로 판옥선을 이름.

정자각선(亭子閣船):평선(平船) 위에 정자각을 세운 배.

주교사(舟橋司):배다리를 관장하던 조선시대의 관청.

지차선(之次船):권반(1615년)의「실행절목(實行節目)」에 있는 3번째 전선.

짐판(荷阪):고물비우 또는 강선의 고물비우 위에 설치한 널판.

짝멍에:한판 멍에 바로 뒤에 투석간을 설치하기 위해서 설치한 작은멍에.


〈ㅊ〉

차선(次船):권반의「실행절목(實行節目)」(1615년)에 있는 2번째 전선.


〈ㅋ〉

큰노:한선의 뱃전이나 고물에서 ∞자 모양으로 젓는 추진식 노(Sweep).

큰멍에:바닷배에서 이물, 한판, 소당에 거는 멍에, 돛대를 메어다는 멍에.

키(舵, 鴞):돛을 단 배의 방향을 조정하는 장치.

키구멍:두리구녁이라고도 하는데 킷다리(舵身)를 꽂는 구멍.

키폰:킷다리에 널판대기를 이어붙인 키의 본판.

킷다리:키의 본판을 붙이고 키를 조종하는 통나무 몸체.


〈ㅌ〉

토막배:통나무 3, 4개를 나무 덩쿨로 엮거나, 가새를 꿰뚫어 박아 만든 작은
  배. 뗏목배의 다른 이름(동해안).

통나무 배:통나무의 속을 파내어서 만든 외양간의 '구유'와 비슷하게 생긴
  배.

투석간:한선의 한판(중앙) 돛대 뒤에 있는 배안의 살림 부엌.

티우:뗏목배의 다른 이름(제주도).


〈ㅍ〉

판문(版門):동대문과 같은 성문 누각 기둥 사이에 설치한 판자로 된 문짝.

판옥(板屋):배 위에 널판대기로 집을 꾸민 것.

판옥선(板屋船):널판대기로 상장을 꾸민 배.

판옥상장(板屋上粧):평선 위에 널판대기로 집을 꾸민 것.

판옥전선(板屋戰船):판옥선과 같음.

패란(牌欄, 언방:偃防):방패 위에 있는 도리.

평선(平船):배밑, 뱃전, 이물비우, 고물비우, 멍에, 겻집까지만 만든 배(판옥
　상장이 없는 배).

평저선(平底船):배밑이 평평한 배.

평전선(平戰船):판옥상장이 없는 전선.

풍석(風席, 蒲席:돗자리):부들(돛)로 만든 자리.

피새(皮塞):뱃전을 위에서 아래로 꿰어 박은 나무못.


〈ㅎ〉

한판:배의 한 가운데(中央), 허리(腰)라고도 한다.

한판돛대:배의 중앙(허리)에 있는 한판멍에 뒤에 세운 돛대.

한판큰멍에:배의 중앙(허리) 뱃전(杉板) 위에 설치한 큰 멍에.

활아지:맨 위 뱃전 밖에 덧붙인 반달 모양의 반쪽 통나무.

현자대포:조선시대에 대포에 붙인 이름. 세번째 크기의 대포. 1592년 거북배
　의 용두에 실치한 내포. (玄字大砲).

현호(舷弧):활처럼 구부러진 뱃전의 곡선(수평선에 대하여).

빛깔있는 책들 101-11

# 한국의 배(韓船)

| | |
|---|---|
| 글 | —이원식 |
| 사진 | —이원식 |
| 발행인 | —장세우 |
| 발행처 | —주식회사 대원사 |
| 주간 | —박찬중 |
| 편집 | —김한주, 신현희, 조은정, 황인원 |
| 미술 | —차장/김진락 김은하, 최윤정 |
| 전산사식 | —김정숙, 육양희, 이규헌 |
| 첫판 1쇄 | —1990년 4월 28일 발행 |
| 첫판 5쇄 | —2003년 1월 30일 발행 |

주식회사 대원사
우편번호/140-901
서울 용산구 후암동 358-17
전화번호/(02) 757-6717~9
팩시밀리/(02) 775-8043
등록번호/제 3-191호
http://www.daewonsa.co.kr



값 13,000원

Daewonsa Publishing Co., Ltd.
Printed in Korea(1990)

ISBN 89-369-0011-0 00530

# 빛깔있는 책들

## 민속(분류번호:101)

| | | | | |
|---|---|---|---|---|
| 1 짚문화 | 2 유기 | 3 소반 | 4 민속놀이(개정판) | 5 전통 매듭 |
| 6 전통 자수 | 7 복식 | 8 팔도 굿 | 9 제주 성읍 마을 | 10 조상 제례 |
| 11 한국의 배 | 12 한국의 춤 | 13 전통 부채 | 14 우리 옛악기 | 15 솟대 |
| 16 전통 상례 | 17 농기구 | 18 옛다리 | 19 장승과 벅수 | 106 옹기 |
| 111 풀문화 | 112 한국의 무속 | 120 탈춤 | 121 동신당 | 129 안동 하회 마을 |
| 140 풍수지리 | 149 탈 | 158 서낭당 | 159 전통 목가구 | 165 전통 문양 |
| 169 옛안경과 안경집 | 187 종이 공예 문화 | 195 한국의 부엌 | 201 전통 옷감 | 209 한국의 화폐 |
| 210 한국의 풍어제 | | | | |

## 고미술(분류번호:102)

| | | | | |
|---|---|---|---|---|
| 20 한옥의 조형 | 21 꽃담 | 22 문방사우 | 23 고인쇄 | 24 수원 화성 |
| 25 한국의 정자 | 26 벼루 | 27 조선 기와 | 28 안압지 | 29 한국의 옛 조경 |
| 30 전각 | 31 분청사기 | 32 창덕궁 | 33 장석과 자물쇠 | 34 종묘와 사직 |
| 35 비원 | 36 옛책 | 37 고분 | 38 서양 고지도와 한국 | 39 단청 |
| 102 창경궁 | 103 한국의 누 | 104 조선 백자 | 107 한국의 궁궐 | 108 덕수궁 |
| 109 한국의 성곽 | 113 한국의 서원 | 116 토우 | 122 옛기와 | 125 고분 유물 |
| 136 석등 | 147 민화 | 152 북한산성 | 164 풍속화(하나) | 167 궁중 유물(하나) |
| 168 궁중 유물(둘) | 176 전통 과학 건축 | 177 풍속화(둘) | 198 옛 궁궐 그림 | 200 고려 청자 |
| 216 산신도 | 219 경복궁 | 222 서원 건축 | 225 한국의 암각화 | 226 우리 옛 도자기 |
| 227 옛 전돌 | 229 우리 옛 질그릇 | 232 소쇄원 | 235 한국의 향교 | 239 청동기 문화 |
| 243 한국의 황제 | 245 한국의 읍성 | 248 전통 장신구 | | |

## 불교 문화(분류번호:103)

| | | | | |
|---|---|---|---|---|
| 40 불상 | 41 사원 건축 | 42 범종 | 43 석불 | 44 옛절터 |
| 45 경주 남산(하나) | 46 경주 남산(둘) | 47 석탑 | 48 사리구 | 49 요사채 |
| 50 불화 | 51 괘불 | 52 신장상 | 53 보살상 | 54 사경 |
| 55 불교 목공예 | 56 부도 | 57 불화 그리기 | 58 고승 진영 | 59 미륵불 |
| 101 마애불 | 110 통도사 | 117 영산재 | 119 지옥도 | 123 산사의 하루 |
| 124 반가사유상 | 127 불국사 | 132 금동불 | 135 만다라 | 145 해인사 |
| 150 송광사 | 154 범어사 | 155 대흥사 | 156 법주사 | 157 운주사 |
| 171 부석사 | 178 철불 | 180 불교 의식구 | 220 전탑 | 221 마곡사 |
| 230 갑사와 동학사 | 236 선암사 | 237 금산사 | 240 수덕사 | 241 화엄사 |
| 244 다비와 사리 | | | | |

## 음식 일반(분류번호 : 201)

60  전통 음식          61  팔도 음식          62  떡과 과자          63  겨울 음식          64  봄가을 음식
65  여름 음식          66  명절 음식          166 궁중음식과 서울음식                            207 통과 의례 음식
214 제주도 음식         215 김치


## 건강 식품(분류번호 : 202)

105 민간 요법          181 전통 건강 음료


## 즐거운 생활(분류번호 : 203)

67  다도              68  서예              69  도예              70  동양란 가꾸기       71  분재
72  수석              73  칵테일            74  인테리어 디자인     75  낚시              76  봄가을 한복
77  겨울 한복          78  여름 한복          79  집 꾸미기          80  방과 부엌 꾸미기     81  거실 꾸미기
82  색지 공예          83  신비의 우주        84  실내 원예          85  오디오            114 관상학
115 수상학            134 애견 기르기        138 한국 춘란 가꾸기    139 사진 입문          172 현대 무용 감상법
179 오페라 감상법      192 연극 감상법        193 발레 감상법        205 쪽물들이기         211 뮤지컬 감상법
213 풍경 사진 입문     223 서양 고전음악 감상법


## 건강 생활(분류번호 : 204)

86  요가              87  볼링              88  골프              89  생활 체조          90  5분 체조
91  기공              92  태극권            133 단전 호흡          162 택견              199 태권도


## 한국의 자연(분류번호 : 301)

93  집에서 기르는 야생화                     94  약이 되는 야생초    95  약용 식물          96  한국의 동굴
97  한국의 텃새        98  한국의 철새        99  한강              100 한국의 곤충        118 고산 식물
126 한국의 호수        128 민물고기          137 야생 동물          141 북한산            142 지리산
143 한라산            144 설악산            151 한국의 토종개      153 강화도            173 속리산
174 울릉도            175 소나무            182 독도              183 오대산            184 한국의 자생란
186 계룡산            188 쉽게 구할 수 있는 염료 식물                189 한국의 외래 · 귀화 식물
190 백두산            197 화석              202 월출산            203 해양 생물          206 한국의 버섯
208 한국의 약수        212 주왕산            217 홍도와 흑산도      218 한국의 갯벌        224 한국의 나비
233 동강              234 대나무            238 한국의 샘물        246 백두고원


## 미술 일반(분류번호 : 401)

130 한국화 감상법      131 서양화 감상법      146 문자도            148 추상화 감상법      160 중국화 감상법
161 행위 예술 감상법    163 민화 그리기        170 설치 미술 감상법    185 판화 감상법
191 근대 수묵 채색화 감상법                   194 옛 그림 감상법      196 근대 유화 감상법    204 무대 미술 감상법
228 서예 감상법        231 일본화 감상법      242 사군자 감상법